低温沼气
发酵技术及其应用

◎ 万永青　王瑞刚　段开红　著

中国农业科学技术出版社

图书在版编目（CIP）数据

低温沼气发酵技术及其应用／万永青，王瑞刚，段开红著.—北京：中国农业
科学技术出版社，2018.7

ISBN 978-7-5116-3822-9

Ⅰ.①低…　Ⅱ.①万…②王…③段…　Ⅲ.①甲烷-发酵-研究　Ⅳ.①S216.4

中国版本图书馆 CIP 数据核字（2018）第 181829 号

本书由内蒙古自治区科技计划项目"北方防沙带（内蒙古）生态技术集成与产业化示范"、内蒙古自治区科技创新团队（201503004）、内蒙古自治区产业创新创业人才团队资助

责任编辑	李冠桥	
责任校对	贾海霞	
出 版 者	中国农业科学技术出版社	
	北京市中关村南大街 12 号　邮编：100081	
电　　话	（010）82109705（编辑室）　（010）82109702（发行部）	
	（010）82109709（读者服务部）	
传　　真	（010）82106625	
网　　址	http：//www.castp.cn	
经 销 者	各地新华书店	
印 刷 者	北京建宏印刷有限公司	
开　　本	710mm×1 000mm　1/16	
印　　张	12.25	
字　　数	215 千字	
版　　次	2018 年 7 月第 1 版　2018 年 7 月第 1 次印刷	
定　　价	49.00 元	

前　　言

　　沼气通常指微生物在厌氧条件下分解有机物质所产生的气体，主要成分是 CO_2 和甲烷。它是一种生物燃料，作为低碳经济已成为我国能源的重要组成部分，具有非常广阔的发展前景。然而在北方寒冷地区，冬季的温度常常低于 10℃，甚至达到 0℃ 以下。沼气池池温太低造成沼气发酵启动期较长、产气量不足、发酵不稳定，甚至冻伤沼气池而无法产气，这就成为制约我国北方户用沼气发展的主要因素。本书作者课题组经过 8 年的科学研究，研制出了可作为低温户用沼气发酵的微生物菌剂，解决了北方户用沼气冬季过冬问题。

　　本书以不容易利用的原料——纤维素原料作为沼气发酵的底物原料：首先通过 DGGE 分析正常发酵过程中微生物菌群的种类；其次介绍沼气发酵过程中产纤维素酶微生物和产酸微生物；最后从整体的角度对低温沼气发酵的工艺进行单因素和多因素优化；并将优化好的菌液制成微生物菌剂。本书根据近年来的研究成果，系统地对低温沼气发酵进行了阐述。旨在为实现我国北方村镇小区域生态环保可持续发展的新农村经济建设做出贡献。

　　本书由七章组成，共计 21 万字。其中万永青撰写并统稿了第一、二、三、四和五章，王瑞刚撰写并统稿了第六章，段开红撰写并统稿了第七章，全书由王瑞刚、段开红系统修改。

　　由于著者水平所限，时间仓促，书中不妥之处恳请专家和广大读者不吝赐教，批评指正。

目　　录

第一章　纤维素质的低温沼气发酵技术概述

沼气发酵是一个非常复杂的生物化学过程，其中包含各种不同的基质和不同类型的微生物，以及各种不同的代谢途径。基质不同，沼气池中所包含的优势菌群也不一样，尤其是在不同的环境当中，这些微生物都不是孤立的单独行使自己的功能，而是相互共存、相互协作。这些菌群包括第一类菌群发酵细菌、第二类菌群产氢产乙酸细菌、第三类菌群产甲烷菌。在沼气发酵过程中，这3类菌群之间相互依赖又相互制约，共同创造良好的营养条件和良好的环境条件。这些菌群共同维持各自的生命活动，在整个发酵过程中总处于动态平衡的状态。其表现如下。

第一类菌群为发酵细菌。包括各种有机物分解微生物，如纤维素降解菌，这类菌体能够通过自身分泌的胞外酶，将沼气池中复杂的有机物纤维素、蛋白质、脂类、果胶等分解为较为简单的物质，例如：发酵细菌能够将沼气池中非水溶性含碳有机物转化为糖、醇、H_2、CO_2等简单的单质或化合物，能够将纤维素、淀粉转化为二糖或者单糖，将蛋白质转化为氨基酸，将脂类转化为甘油和脂肪酸，进而转化为丙酮酸。

第二类菌群为产氢产乙酸细菌。其主要功能是将第一类菌体分解的产物进一步分解成乙酸和氢气。

第三类菌群为产甲烷古生菌。这类菌体是严格厌氧的，氧化还原电位为-320mv，其作用是利用前两类菌体产生的乙酸、氢气和二氧化碳生成甲烷。但也存在着同型产乙酸菌的某些逆向过程，即把氢气和二氧化碳转化为乙酸的过程，在实际的发酵过程中，这3类微生物既相互协调，又相互制约，共同完成沼气发酵的整个过程。

沼气发酵过程分为多个阶段，2、3、4 阶段理论之说研究的为最多。在国内的研究学者当中，普遍持 4 个阶段的人数最多，他们认为，发酵过程中的第一个阶段为水解细菌或者发酵细菌将复杂的有机物水解为简单的有机物，蛋白质水解为氨基酸，再经脱氨基的作用生成 NH_3，脂类水解为甘油和脂肪酸，然后进一步生成丙酮酸，有机酸生成多种低级的有机酸，如甲酸、乙酸、乙醇等；发酵过程的发酵第二阶段主要参与的菌群为产氢产乙酸微生物，他们主要利用第一阶段产生的简单有机物和低级有机酸等生成乙酸、丁酸和 H_2 等；发酵过程的第三阶段主要参与的菌群为同型产乙酸菌，他们能把第一阶段的产生的葡萄糖酵解为乙酸和 H_2，同时也存在逆过程，即把 H_2 和 CO_2 转化为乙酸；发酵过程的第四阶段主要为产甲烷阶段，其中主要参与的菌群为产甲烷微生物，他们把第二、第三阶段的产物进而转化为 CH_4。产甲烷菌种类比较多，他们能够利用沼气池中不同底物进行产甲烷，这些底物包括二氧化碳、氢气、乙酸，有些也可以利用甲醇、甲基胺、甲酸等作为底物，对于产生的甲烷来说，其中 30% 来自于氢气的氧化和二氧化碳的还原，其他 70% 来自于乙酸盐的还原，在一些特殊的情况下，有些沼气池并不是严格的 4 个阶段，而且 4 个阶段也不是严格的依次进行的。

沼气发酵过程中，还可根据主要产物特征将参与作用的微生物分为两类菌群，产甲烷菌群和不产甲烷菌群，这两类菌群相互制约又相互依赖，主要关系可以分为以下 5 个方面。

（1）不产甲烷细菌为产甲烷菌提供生长所需要的基质。不产甲烷菌包括纤维素降解菌等在内的微生物，他们可把底物中的各种复杂的有机物（碳水化合物、蛋白质、脂类等）转化为简单的有机物或单质（氢气、二氧化碳、挥发性脂肪酸、甲酸、乙酸、甲醇、乙醇等），为产甲烷菌提供形成甲烷的碳前体以及氢供体、合成细胞质物质，产甲烷菌将这些物质通过自身的代谢反应最终形成甲烷。

（2）不产甲烷细菌为产甲烷菌创造了适宜的氧化还原电位条件。在整个发酵过程初期，投料的时候会把氧气带入沼气池，使液体原料中融入部分氧，氧气对甲烷产生是非常不利的。甲烷菌细胞内具有许多低氧化还原电位的酶系，当体系中氧化态物质的还原电位过高时，这些酶系统将被高电位不可逆转的氧所破坏，使甲烷菌的生长受到抑制甚至死亡。例如，甲烷菌代谢中重要辅酶 F420 受到氧化时，即与蛋白质分离而失去活性。一般认为参与中温消化的甲烷菌要求环境中维持的氧化还原电位低于 −350mV，对参与高温消化的甲烷菌则应低于 −500～−600mV。

（3）不产甲烷细菌为产甲烷菌清除有害物质。沼气发酵过程中，户用沼气池、工业沼气池所用的原料是不同的，一般户用沼气池以牲畜粪便、秸秆为原料，工业沼气池一般多为工业废水或城市固体垃圾等，这样的原料里难免会含有有毒物质，如氰化物、酚类、苯甲酸、重金属离子等。这些物质对产甲烷菌有毒害作用，必须靠不产甲烷菌对其进行分解，例如，有些细菌能以氰化物作为碳源进行生长繁殖，这样不仅解除发酵过程中的有毒物质，还能为产甲烷菌提供可利用的营养物质，此外，还有一些细菌自身代谢产生的硫化氢可以和重金属离子产生反应，生成不溶性的金属硫化物，从而消除了沼气池中的重金属离子毒害作用。

（4）产甲烷菌为不产甲烷细菌的生化反应解除反馈抑制。不产甲烷菌包括多种微生物，如硫酸盐还原菌、硝酸盐还原菌、产氨细菌、产酸细菌等，如果发酵体系内氢气或酸积累过多，就会抑制不产甲烷菌继续产氢或酸，此时，产甲烷菌可利用这些基质进行产甲烷，这不仅解除了环境中的反馈抑制，又有利于甲烷生成，为甲烷菌提供了良好的生存环境。

（5）不产甲烷细菌和产甲烷菌共同维持环境中适宜的酸碱度（pH 值）。发酵体系内酸的浓度也不宜过高，过高就会使发酵体系酸化，产甲烷发酵就不能有效进行，甚至会导致整个发酵体系的失败。

在整个发酵过程中，pH 值是先下降后上升，就是产甲烷菌和不产甲烷共同作用的结果。在发酵初期，第一类菌体和第二类菌体所产生的有机酸和 CO_2 等导致环境中的 pH 值降低，进而第三阶段产甲烷菌对酸的消耗使 pH 值上升，不产甲烷菌群里还有一种叫氨化细菌的微生物，他能够将蛋白质分解成为氨，氨可以中和发酵液中的部分酸，也能调节环境中的 pH 值，使 pH 值降低。

目前，我国大中型沼气工程项目大多集中于各类大型养殖场。解决规模化畜禽养殖所造成的环境污染的技术手段之一是养殖场沼气工程的建设。随着经济的日益发展，沼气工程技术手段的研究也越来越成熟，工艺以及设备的研究也越来越完善，包括发酵原料的预处理系统、消化液沉泥池系统、汽水分离器系统、厌氧消化系统、沼气脱硫系统、沼气储藏和运输系统以及发酵副产品的处理系统。沼气发酵的形式开始转变，从传统的以农作物秸秆为底物的发酵形式转变为不只是单一的农作物秸秆形式，还包括生活污水、城市固体垃圾等方向，且都取得了不错的成果。沼气工程按厌氧发酵罐容积、日产沼气量和综合配套设施系统进行工程规模分类，可分为大型、中型和小型。户用沼气工程与大中型沼气工程从配套设施、规模、管理还是用途等方面都有着诸多不同，详见表1-1。

表1-1　农村沼气与大中型沼气工程的区别

	农村沼气池	大中型沼气池
用途	能源、卫生	能源、环境
沼液	作肥料	做肥料或进行好氧后处理
动力	无	需要
配套设施	简单	沼气净化、贮存、输配、电气仪表与自控
建筑形式	地下	大多半地下或地上
设计、施工	简单	需工艺、结构、设备、电气及自控仪表配合
运行管理	不需专人管理	需专人管理

第一节　有机物的降解

一、沼气发酵

1. 沼气微生物

沼气池中的微生物主要包括不产甲烷菌和产甲烷菌。不产甲烷菌主要包括3类：发酵细菌、产氢产乙酸细菌及同型产乙酸细菌。这3类细菌在沼气发酵前中期过程中起着非常重要的作用，发酵细菌即水解细菌，属于异养菌，以专性厌氧菌和兼性厌氧菌为主，部分为好氧性微生物，主要作用是减少发酵沼液中的氧气，主要包括纤维素降解菌、半纤维素、脂肪、淀粉、蛋白质分解菌等。不同的底物以及不同的pH和温度中，发酵过程中存在的菌种也不相同，特别是优势菌种的不同。如果厌氧消化过程中含有大量的蛋白质，主要存在的菌种为枯草芽孢杆菌、蜡状芽孢杆菌、大肠杆菌、球状芽孢杆菌、环状芽孢杆菌、变异微球菌以及假芽孢菌属等；如果厌氧消化过程中富含大量的纤维素，则存在的主要菌种为芽孢杆菌、溶纤维丁酸弧菌、产粪产碱杆菌、栖瘤胃拟杆菌、铜绿色假单胞菌以及普通变形菌等；若厌氧消化中存在大量的是淀粉，主要的菌种为芽孢杆菌、蜡状芽孢杆菌、尿素微球菌、假单胞菌属、亮白微球菌以及变异微球菌等；若厌氧消化中硫酸盐比较高时，则存在大量的脱硫弧菌属细菌；若以鸡场废弃物或生活垃圾为底物时，则优势菌群为兼性厌氧菌的大肠杆菌和链球菌。厌氧产酸细菌大约有 18 个属，50 多种，主要由专性厌氧菌和兼性厌氧菌组成，主要的菌种包括沃尔夫互营单胞菌（*Syntrophomonas wolfei*），沃林互营杆菌（*Syntrophobacter wolinii*），同型产乙酸细菌中比较常见的有伍德乙酸杆菌（*Acetobacterium Woodii*）、威林格乙酸杆菌（*Acetobacterium Wieringae*）、乙酸梭菌（*Clostridium aceticum*）、嗜热自养梭菌（*Clostridium thermoautotrophicum*）。产甲烷菌包括甲酸甲烷杆菌（*Methanobacterium ormicicum*），嗜热自养甲烷杆菌（*Methanobacterium thermoautotrophicum*），布氏甲烷杆菌（*Methanobacterium bryantii*），范尼甲烷球菌（*Methanococcus voltae*），巴氏甲烷八叠球菌（*Methanosarcina barkeri*），亨氏甲烷螺菌（*Methanospirillum hungatei*），索氏甲烷丝菌（*Methanothrix soehngenii*）。

2. 沼气发酵条件

沼气发酵过程是一个复杂的生物化学过程，受到多种因素的影响。包括微生物种类和数量、发酵原料以及发酵原料的浓度、添加剂、搅拌、设备、环境因素，其中环境因素包括发酵温度、氧化还原电位、pH 值等。

（1）微生物的种类以及数量。厌氧消化过程是多种微生物共同作用的结果，每种微生物都有各自的作用，有降解微生物、产酸微生物、产甲烷微生物，少了哪类微生物都会导致整个发酵过程的失败。微生物的数量也会影响厌氧消化过程，会影响底物利用效率，产酸菌过多会影响环境的 pH 值等。

（2）发酵原料以及发酵原料的浓度。农村沼气发酵池中原料种类繁多，成分复杂，大多数采用的是混合式入料方式，工业沼气池原料比较单一，原料的配比也比较固定，发酵原料不同，环境中的 pH 值也会不同，优势菌群也会不同；发酵原料的浓度不同也影响厌氧消化过程，初始接种量会影响到沼气池的启动时间 C/N 比会影响沼气池的 pH 值，试验表明，接种量在 25%～40% 为最好，启动时间比较快，产气量较佳，C/N 在（1∶15）~（1∶25）之间较好。

（3）添加剂。沼气池中适当的添加一些添加剂，例如：尿素、碳酸钙等，会缩短启动时间加快沼气池产气速度，也会提高沼气池中甲烷的含量。相反，如果沼气池中含有一些有毒的物质（重金属离子）或刺激性大的物质，会抑制沼气池的发酵，甚至导致发酵失败。

（4）搅拌。搅拌有利于微生物的均匀分布，有利于与底物的充分接触和沼气的充分释放。

（5）设备。沼气发酵过程中多采用搅拌混合手段，大中型工业沼气池采用比较多的是连续投料方式，这样不仅可以进行有效布水，还可以利用沼气的扰动以及回流或间歇回流等方式增大微生物与发酵原料的接触面积，有效地进行原料降解与利用。

（6）环境因素。①发酵温度。温度对沼气发酵是一个非常重要的因素，温度过低，会直接影响到菌株的活性、底物的利用率，工业发酵多数采用的是高温发酵。②氧化还原电位。氧化还原电位直接影响到产甲烷菌的活性，从而影响沼气池的产甲烷量，产甲烷菌是严格厌氧微生物，氧化还原电位为−320mv。③pH。pH 也会影响到微生物的活性，发酵过程中最适的 pH 值为 6~8，过高或过低都会影响到沼气的发酵，甚至会导致发酵的停滞。

3. 沼气发酵的研究及进展

随着科技的发展，人类越来越关注对沼气资源的开发及利用，沼气生产和利用技术也一直在更新和发展当中。近年来，由于国家财政和政策的支持，我国沼气发酵工程得到了迅速发展，无论是设备还是规模，都逐渐得到了发展，相关政策和法律法规也逐渐健全。据统计，2008 年全国新增农业废弃物沼气工程 1.36 万个，同比增长 38.9%，总池容积达到 $4.51×10^6 m^3$，年产沼气量达到 $5.26×10^8 m^3$，其中新增的大型沼气工程 1 192 处，年增达 149.9%。

在国内，沼气利用技术方面南方和北方有一定的差异，他们利用各自的地方特色，开创出符合本地发展的沼气产业模式：南方沼气模式为"果沼农"特色模式，北方为"四位一体"的特色模式。在沼气池建设方面，由于我国南方和北方气候差距的原因，北方逐渐形成与太阳能耦合的新沼气池建设模式，充分利用太阳能辅助加热功能，使沼气池冬季不能产气或微产气问题得到很好的解决。

在沼气净化以及副产品利用方面研究也日趋成熟。净化沼气上有传统的化学吸收、物理提纯技术以及现代的生物脱硫技术；沼液利用上主要有直接利用，如直接归田、无土栽培基液、沼液浸种、防治病虫害等，另外沼液中还含有许多功能性微生物，对不同的真菌病原体有一定的拮抗作用，这部分资源也是非常宝贵的。在沼气中优质菌培养方面，国内相关的研究也很多。

在国外，德国由于以农业生产为主，特别是畜牧业的集约化，修建的多为大中型的沼气工程，低温条件下，沼气池的温度主要靠沼气发电的余热回暖保持，户用的沼气池几乎没有；印度的户用沼气池数量仅次于中国，但由于印度年平均温度要高于中国，其沼气池过冬的问题比较少；也没见国外其他国家有关冬季沼气池越冬的研究报道。在发酵底物上面，国外多以富氮物质、富碳物质、水生植物、农产品加工废物等为原料。法国、德国、丹麦多以城市垃圾和固体废弃物为原料，其技术也是非常先进；瑞典多以动物粪便、动物加工副产品、食物废弃物为发酵原料，其沼气轿车、沼气公交车等的拥有量已经有相当规模。

随着地球资源的进一步消耗、资源价格日益上升，会给沼气工程带来更加广阔的发展前景，根据地区环境的不同发展适合自身的高效沼气池、价格低廉的提纯净化设备是沼气工程发展的必然趋势，对于沼气池发酵后的副产品开发也是沼气工程的重要研究方向。

二、纤维素

1. 概述

纤维素的化学结构式首次被确定的时间为 1930 年。纤维素分子是一种链状聚合体，是由成千上万个葡萄糖残基通过 β-1，4-糖苷键联结而成的，几十个纤维素分子平行排列组成小束，几十个小束则组成小纤维，最后由许多小纤维构成一条纤维素，纤维素是一种多糖，其分子量非常的大，分子量可达到几十万甚至几百万。纤维素分子的经验式为 $(C_6H_{10}O_5)_n$，其中 n 为葡萄糖苷数目，通常称为聚合度（DP），n 的值很大，1 000~10 000，甚至更大，纤维素分子中碳为 44.44%，氢为 6.17%，氧为 49.39%。结构如图 1-1 所示。

2. 纤维素酶

广泛应用于动物饲料、食品当中的纤维素酶在开发新型能源上有着非常大的

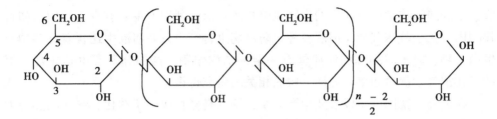

图1-1　纤维素结构

应用潜力的。其来源也非常广，细菌、真菌、放线菌以及软体动物和原生动物都能产生纤维素酶。目前人们常用的生产纤维素酶的菌株是通过生物工程手段筛选出的高效产酶纤维素菌株，包括曲霉、木霉和青霉等。

纤维素酶是微生物中把纤维素降解为葡萄糖的一组酶的总称，纤维素的降解是多种酶系协同工作共同作用的结果。纤维素酶属于糖苷水解酶，一般传统上把纤维素酶分为3类组分：内切葡聚糖酶（endo-1，4-β-D-glucanase，EG，EC 3.2.1.4），CMC酶；外切葡聚糖酶（exo-1，4-β-D-glucanase，EC 3.2.1.91），即纤维二糖水解酶，CBH酶；β-葡萄糖苷酶（β-1，4-D-glucosidase，EC3.2.1.21），BG酶。

（1）内切葡聚糖酶（CMC）。内切葡聚糖酶是作用于纤维素分子内部非结晶区的一种酶，它可以降解水溶性的纤维素衍生物，结晶的纤维素类型却无法降解，他可以水解β-1，4-糖苷键，通过截断纤维素分子的长链结构产生大量的含有非还原性末端的小分子纤维，使其成为纤维糊精、纤维三糖或纤维二糖。

（2）外切葡聚糖酶（CBH）。外切葡聚糖酶的功能是作用于纤维素链的非还原性末端，依次水解β-1，4-糖苷键，每作用一次可以切下一个纤维二糖分子，生成可溶的纤维二糖和纤维糊精，故外切葡聚糖酶也称为纤维二糖水解酶。

（3）β-葡萄糖苷酶（BG）。β-葡萄糖苷酶能够把纤维二糖和短链的纤维寡糖水解为葡萄糖。这种酶水解纤维二糖和纤维三糖的速度很快，但如果葡萄糖聚合度增加，其水解速度会随着降低，其专一性比较差。

厌氧消化过程中，这三种酶通过分工、协同作用共同降解沼气池中的纤维素，有效、快速的给其他微生物提供营养物质。内切葡聚糖酶作用于非还原端并释放纤维二糖；外切葡聚糖酶作用于纤维素骨架，水解 β-1，4-糖苷键，使纤维素分子的聚合度下降，从而暴露出更多的纤维素链末端；β-葡萄糖苷酶作用是防止纤维二糖的聚集，把小分子的纤维二糖和纤维糊精水解为葡萄糖，从而加快外切葡聚糖酶的水解速度。

3. 纤维素在沼气发酵中的作用

在沼气发酵中，纤维素普遍存在于沼气发酵的原料中，如何能将原料中的营养物质充分利用并高效率的产生甲烷，是在目前能源匮乏的社会中存在的首要问题。这就要求我们能够完全掌握整个沼气发酵机理及其纤维素在整个过程中所担当的角色。

纤维素在沼气发酵过程中处于第一阶段，它通过微生物产生的纤维素酶，将其水解成小分子的葡萄糖。纤维素只有被水解成葡萄糖，才能得到充分利用，秸秆中含有大量的纤维素，通常情况下每千克秸秆可生产沼气 $0.125m^3$，甲烷含量在 55% 左右。秸秆沼气发酵后的残留物还有多种用途，可以给牲畜当做饲料，也可以给植物当做肥料，另外还可以提取维生素 B_{12}，发酵过程中产生的沼气除了供做饭、照明、取暖外，还可以用来发电、保鲜水果、增温养蚕、孵化鸡雏、防治贮粮害虫等。沼气发酵过程中，尤其户用沼气池，多采用牲畜粪便和秸秆为发酵底物，这类底物中含有非常丰富的纤维素，纤维素在发酵过程中提供第一阶段的基质，供纤维素降解菌维持生命活动，其代谢产物继而供第二类和第三类菌群使用，共同维护整个发酵过程有序、良好地进行。

4. 纤维素及其酶的研究进展

自 1930 年确定纤维素结构后，许多学者致力于研究纤维素分子链的构型，共建立了两个经典的纤维素分子模型：第一个为缨状纤维束模型，该模型假设大分子都是不弯曲的，而是延伸的，和纤维束方向平行，一些分子间排列整齐的区段会出现在纤维束的中间，该区间称为结晶区，它被一些无定型区所分隔，平均长度为 500A（自然纤维）或 1 000A（再生纤维），纤维素分子中无定型区和结晶区要相互交替 10 以上；第二个为折叠链纤维束模型，与第一个不同，该模型假设纤维素大分子是折叠的，其方向与纤维束方向垂直，折叠后形成一个薄片，结晶区和第一个模型差不多，但在纤维素分子中有一部分是没有折叠的，而是孤立地松散开来依附在相邻的两个片状结晶体上，直链上的 β 键和折叠部分的葡萄糖苷键在结合程度上是不同的，后一个结合的强度相对较弱，片状结构上的结晶区在中心部位，纤维素分子无定型区在两端。

纤维素作为新型能源逐渐在世界舞台上展露投头角。纤维素的用途很广泛，他可以发酵生产乙醇；可以作为肥料、可以发酵沼气等等。我国早期就已经开始研究利用含有纤维素的秸秆发酵生产乙醇，并取得优异成绩。利用纤维素发酵制沼气在很早就已经被人提起，这些年更受到关注。如何将纤维素更好地开发利用并产业化是我国甚至是全世界关心的问题。

纤维素能否更为充分的利用，取决于降解纤维素的微生物所产生的酶。Mifscherlich 在 1850 年首次观察到微生物分解纤维素的现象，人类首次发现的纤维素酶是 Seilliere 1906 年在蜗牛的消化液中发现能够水解棉花并产生葡萄糖的物质，此后，纤维素酶的研究、开发与应用逐步受到世界的普遍关注。对纤维素酶的研究经历了三个发展时期：第一个阶段是 1980 年前，以生物化学为主要研究方法，目的是进行纤维素酶的分离纯化，但由于纤维素酶组分非常复杂，所以进展非常缓慢；第二个阶段是 1980—1988 年，以基因工程为主要研究手段，目的是对纤维素酶一级结构的测定和基因的克隆，研究成果为里氏木霉（*Trichoderma reesei*）的内切酶和外切酶、粪肥纤维单胞菌（*Cellμomonas fimi*）的内切酶、热纤梭菌（*Clostridium thermocellum*）的内切酶基因测序工程，基因也被克隆，并在大肠杆菌（*Escherichia coli*）等中得到了表达；第三个阶段是 1988 年至今，以结构生物学及蛋白质工程为主要研究方法，目的是确定纤维素酶分子的结构和功能，包括分子的折叠和催化机制、结构域的拆分、水解的双置机制等。20 世纪40—50 年代人们就已经分离筛选出了大量产纤维素酶的微生物，建立了相对比较完整的分离筛选方法。Reese 等人 1950 年提出了纤维素酶作用方式的 C1-CX 假说后，开始转入到纤维素酶的基础研究。20 世纪 60 年代以后，由于分离技术的发展，实现了纤维素酶制剂的工业化生产。随后，人们利用基因工程、遗传诱变育种技术对纤维素酶的基因进行了克隆、氨基酸序列的测定等。到目前为止，在 SWISS-PROT 蛋白质数据库中，已有 140 个内切酶，19 个外切酶和 102 个葡萄糖苷酶的全序列。我国纤维素酶的研究开始于 20 世纪 60 年代初，各大高校及科研院所都进行有纤维素酶的研究工作，选育纤维素酶菌种并将其产业化。80年代中期纤维素酶产品在上海就已经问世。90 年代初，沈阳农业大学的陈祖洁教授和曹淡君教授亲自指导黑龙江省海林市的万力达集团有限公司，投产了第一个产 2 000 吨纤维素酶生产线，使我国成为继丹麦、美国、日本之后世界上第 4 个能大批量生产纤维素酶的国家。

国内外对于纤维素降解微生物的研究主要集中于极地环境和海洋下的微生物，而对沼气池、动植物粪便、土壤中的研究较少，尤其对纤维素降解复合菌群的研究更少。采用的方法为传统的纯培养技术，对菌株进行筛选、分离和纯化，纤维素降解过程是多种酶通过协同作用进行的，单一的菌种所分泌的酶也比较单一，不能很好地降解纤维素，所以，传统的纯培养技术不能有效地解决纤维素的降解问题，因此，研究低温下复合纤维素微生物菌群具有很大的发展前景。

三、纤维素降解微生物及其作用

1. 种类

由于纤维素结构的多样性，它是由纤维素、半纤维素和木质素紧密地结合在一起组成的，单一的纤维素降解微生物难以进行有效降解，这就需要多种纤维素降解微生物协同作用。近年来，研究发现能够降解纤维素的微生物已经超过了 200 种，种类主要分为细菌、真菌和放线菌。

（1）细菌。纤维素降解微生物中细菌主要分为好氧菌、厌氧菌、好氧滑动菌。好氧菌分泌的酶为可溶性的胞外酶，以胞外酶的形式对纤维素进行降解。这类菌主要有纤维杆菌属（*CμLmolnoas*）；厌氧菌降解纤维素的形式为将分泌的 3 种纤维素酶联合成一个大的复合体纤维小体，这种复合纤维小体可以黏附在细菌表面，所以降解纤维素时，细菌必须充分接触纤维素，使其表面的纤维小体接触到纤维素，这类菌主要有热纤梭菌（*Clostridium themocellum*）；其他的纤维素降解细菌还有生孢纤维菌属（*sporocytophaga*）、梭菌属（*cellμLomonas*），目前，研究最多的纤维素降解细菌为纤维单胞菌（*CellμLomonas*）和热纤梭菌（*Clostridium thermocellum*）。由于细菌在降解纤维素的过程中产生的酶多数不能分泌到细胞外，而且分泌的量也相对较少，对结晶纤维素没有活性，所以其降解能力明显低于真菌，在大中型沼气工程中，很少将此类纤维素降解细菌应用到发酵过程中。

（2）真菌。纤维素降解微生物中真菌主要有木霉属（*Trichoderma*）、青霉属

（*Penicillium*）、毛壳霉属（*Chaetomium*）、漆斑霉属（*Myrothecium*）、曲霉属（*Aspergillus*）、枝顶孢霉属（*Acremonium*）和脉孢霉属（*Neurospora*）。这些真菌中多数为丝状真菌、好氧菌，少量为在食草动物肠胃道和粪便中发现的厌氧真菌。其中，许多纤维素降解真菌在其生长过程中能够产生菌丝，菌丝具有较强的穿透能力，能够穿透角质层的阻碍，使其能在纤维质上紧紧依附和穿插，从而加大其降解酶与纤维素的接触面积，进而加大纤维素的降解速度。目前，对于纤维素酶系研究最全面和最多的属为木霉属，其次为曲霉。

（3）放线菌。纤维素降解微生物中放线菌繁殖速度缓慢，其降解的能力也不如细菌和真菌强，它所分泌的酶为胞外酶，特点是能够在强碱性的环境下保持较强的活性。目前，高温放线菌是研究较多的放线菌。能够降解纤维的放线菌主要有纤维放线菌（*Acidothemus*）、诺卡氏菌属（*Nocardia*）和链霉菌属（*Streptomyces*）。

2. 作用

纤维素降解微生物种类繁多，除包含上述所列举的细菌、真菌、放线菌，还包含其他的一些微生物，它们除了具有降解纤维素的功能，还包含有其他的一些功能，如能分解蛋白质、脂类等，在低温沼气发酵过程中，它们起到了非常重要的作用。纤维素降解微生物最适 pH 值范围为 6.0~8.0，它们能够将沼气池中的复杂的有机物降解为分子量较小的物质，能够将纤维素、半纤维素、淀粉等降解为葡萄糖，进而经过糖降解途径生成乙酸、氢气。有些葡萄糖经其他微生物作用生成中间产物丙酮酸，丙酮酸不稳定，进而被氧化为乙酸、丙酸、乙醇等有机酸，同时放出二氧化碳，这些物质成为产甲烷菌的主要营养物质，最终生成甲烷。

3. 协同效应

所谓的协同效应，其实就是酶的动力学参数并未发生改变，而是几个酶体系混合后，按照一定的催化顺序，一种酶把另一种酶催化产生的产物作为底物进行转化，去除了产物的抑制作用或空间阻碍效应，使得总反应速度提高。沼液中发酵温度、pH 和金属离子都是影响酶发挥最大效率的重要环境参数。纤维素复合酶体系中外切和内切葡聚糖酶的活力比较高，而 β-葡萄糖苷酶的活力相对较低，发酵液中若积累大量的纤维二糖会抑制外切葡聚糖酶的活力，此时会影响到发酵过程的酶系活性。不同来源的纤维素酶中所产生的外切、内切葡聚糖酶以及 β-

葡萄糖苷酶之间存在着同工酶效应。沼气生产中我们可以把这 3 种酶混合起来制成酶制剂，以提高发酵底物的降解率，从而提高沼气池的产气量。另外，一些低浓度的表面活性剂也可以提高纤维素酶的活力，所以我们也可以在沼气发酵中添加一些表面活性剂来提高沼气生产率。

4. 低温降解纤维素菌群的研究现状

低温微生物是指能够在低温下生长繁殖的微生物，按其最适生长温度可分为耐冷型微生物和嗜冷型微生物两大类。耐冷型微生物指能够在 0℃ 生长，但其最适生长温度在 20℃ 以上；嗜冷型微生物是指最适生长温度为 ≤15℃ 的一类微生物。目前，国内外学者对于中温或者高温纤维素降解微生物研究得较多，对低温下的纤维素降解微生物研究得较少。到目前为止，国内外对于纤维素降解微生物的研究主要集中于极地环境和海洋下的微生物，而对沼气池、动植物粪便、土壤中的研究较少，尤其对纤维素降解复合菌群的研究更少。

第二节　产酸细菌

一、低温沼气发酵产酸菌

1. 发酵产酸菌的概述

微生物分解葡萄糖产酸分为发酵型产酸和氧化型产酸两种。发酵型产酸是微生物利用糖类发酵产酸，但不需要以分子氧作为最终氢受体的产酸方式；氧化型产酸则是以分子氧作为最终氢受体的产酸方式。因此，将微生物菌株分别在有氧和无氧的条件下进行培养，若都有酸生成，则其属于发酵型产酸，我们将这类微生物菌株称为发酵型产酸菌；若菌株只在有氧条件下产酸，则为氧化型产酸，称之为氧化型产酸菌。

2. 低温发酵产酸细菌在沼气发酵过程中的作用

沼气发酵过程是多种菌群协同作用完成的，是产酸菌群、纤维素菌群、硫酸盐还原菌群以及产甲烷菌群之间相互协调的动态平衡过程。大分子有机物质的降解是产甲烷的重要限速步骤。产酸菌、硫酸盐还原菌及纤维素降解菌等非产甲烷菌为甲烷菌创造适宜的氧化还原电位及 pH 环境，提供代谢底物，产甲烷菌利用挥发性脂肪酸（VFA）和 H_2 为底物产生 CH_4，这样就为不产甲烷菌解除了反馈抑制从而促进其生长。甲烷的产生与菌群的互营代谢有着紧密的关系。其中供产甲烷菌利用的 VFA 主要是由发酵产酸细菌降解大分子有机物产生的。因此，发酵产酸细菌在沼气发酵过程中尤为重要。要解决寒冷地区沼气池的正常产气问题，对沼气池内的低温发酵产酸细菌进行筛选、分离、鉴定是必不可少的。

二、低温沼气发酵产酸菌的研究现状

近年来，低温微生物的研究受到越来越多国内外学者的关注，尤其是低温厌氧消化系统的微生物。继 1887 年 Forster 首次从冻贮的鱼身上分离出有生命的低温菌之后，很多研究人员相继从土壤、深海、冰川和积雪等低温环境中分离出众多低温微生物，包括细菌、真菌、古细菌。加拿大科研人员对北极环境污染物降解细菌进行了大量研究。澳大利亚利对南极及南大洋微生物资源进行了大规模的调查研究与收集保藏。欧洲专门成立了主要针对南极嗜冷微生物的 "Coldzyme" 研究项目。国内对产酸菌的研究由来已久，但研究方向多集中在泡菜、白酒、醋、酸奶等食品发酵过程，研究更多的则是乳酸菌。随着对环境与能源的关注，人们对沼气池内微生物的多样性越来越重视，对低温沼气发酵微生物的研究越来越多。国内学者的研究多集中在发酵过程中整个产酸菌群与其他各菌群之间的协作关系，并将其产酸性能作为主要研究内容。如宋钧玲等人从秸秆发酵过程中筛选出一类产酸菌群，并对其培养及产酸条件进行了优化。低温沼气发酵产酸菌是沼气发酵的一个过程菌，不像纤维素菌和产甲烷菌那样备受瞩目，故国内外这方面的研究较少。

三、分子生物学技术在低温微生物研究中的应用现状

目前在利用传统生物技术方法研究那些低温嗜冷、生长缓慢的微生物类群时面临很大的困难。由于缺少有效的研究方法，基于培养的传统技术的局限性已经限制了我们对各种低温环境中微生物的认识。随着现代分子生物学技术在生态学研究中的应用，大大推动了微生物生态学的发展，也使探讨自然界中厌氧环境中微生物的种群结构及其与环境的关系成为可能。为了充分认识不可培养微生物的丰富资源，结合现代分子生物学技术的发展，已建立起了许多不需要对微生物进

行独立培养的新方法和新技术。

分子生物学技术无需富集培养微生物，而是直接以生物的遗传物质为研究对象，在一定程度上克服了传统微生物研究方法的缺陷，对微生物及其种群研究具有更多优势，特别是对实验室条件下难以培养的微生物而言更具优势。利用分子生物学技术提取沼气发酵微生物的宏基因组 DNA，构建宏基因组质粒文库，分析沼气池内微生物的多样性，了解沼气池内微生物群落的动态变化，为低温发酵产酸菌的研究奠定更好的基础。目前比较流行的主要是核酸检测技术，包括基因测序、指纹图谱技术、基因探针技术、聚合酶链反应（PCR）、GC 含量测定等。PCR 和核酸杂交单独或结合在仪器已经形成比较经典的核酸检测技术，目前这两者已经得到了较大范围的推广和应用。

1. 16S rDNA 基因序列分析技术

16S rDNA 是编码原核生物 16S rRNA 的基因，长度约 1 500bp，存在于所有细菌、衣原体、支原体、立克次体、螺旋体和放线菌等原核生物的基因组中，由多个保守区和与之相间的多个可变区组成。研究者可以根据保守区的碱基序列设计出细菌的通用物，通过 PCR 扩增出所有细菌的 16S rDNA 片段，用来区分细菌、真菌和酵母菌；而细菌的 16S rDNA 可变区的差异可以用来区分不同的细菌。因此，16SrDNA 可以作为细菌群落结构分析最常用的系统进化标记分子。

16S rDNA 鉴定是一种通过对细菌的 16S rDNA 序列进行测序进而确定细菌的种属的鉴定手段。主要步骤包括 DNA 提取、16S rDNA 特异性引物 PCR 扩增、扩增产物纯化、DNA 测序、序列比对等，是一种快速、便捷鉴定细菌种属的方法。16S rDNA 基因序列分析技术主要用于分析特殊环境下难培养的微生物，最大的优点是能及时快速地鉴定出生长缓慢或生化反应惰性的细菌。随着核酸测序技术的发展，提交到基因数据库中的微生物 16S rDNA 序列也越来越多，研究者只需将目的基因的 16S rDNA 扩增序列与数据库中的序列进行比对，找出与测得序列相似性高的微生物种类，并通过系统发育分析确定细菌的种属。

2. 分子杂交技术

核酸分子杂交技术是指具有互补序列的单链待测核酸分子和单链探针核酸分子在一定的条件下（适宜的温度及离子强度等）按碱基互补配对原则退火形成双链的过程。核酸分子杂交可以在 DNA-DNA 之间，也可以在 DNA-RNA 或 RNA

-RNA 之间进行，只要它们之间存在同源序列，就可以进行碱基配对，结合在一起。杂交的双方是待测核酸序列和已知核酸序列。目前常用的核酸杂交技术主要有 Southern 杂交，Northern 杂交，Western 杂交，斑点印迹杂交和狭线印迹杂交等。

3. 基于 PCR 技术的 DNA 指纹图谱技术

PCR 技术能快速特异地扩增所希望的目的基因或 DNA 片段，并能很容易地使皮克（pg）水平的模板达到微克（μg）水平的量，已成为实验室获取某一目的 DNA 片段的常规技术，用于基因组克隆、基因合成、DNA 测序及菌种鉴定等，大大推进了微生物多样性的研究。现已逐渐应用于临床医疗诊断、胎儿性别鉴定、癌症治疗的监控、基因突变与检测、分子进化研究及法医学等各个领域。目前基于 PCR 技术的 DNA 指纹图谱技术发展较快，主要包括单链构象多态性分析（SSCP）、限制性片段长度多态性分析（RFLP）、扩增片段长度多态性分析（AFLP）、变性梯度凝胶电泳技术（DGGE）、实时定量 PCR（real-time PCR）技术等。

4. 系统发育分析

系统发育学研究的是进化关系，系统发育分析就是要推断或者评估这些进化关系，通过能反映微生物亲缘关系的生物大分子（如 16S rDNA、ATP 酶基因）的序列同源性，计算出不同物种之间的遗传距离，然后采用聚类分析等方法，将微生物进行分类，并将结果用系统发育树表示。构建系统发育树的方法有许多，最常用的方法是 Neighbor-Join 法。在进行系统发育分析时常用的软件主要包括 MEGA 和 Phylip 等。

第三节　产甲烷菌

随着世界人口的日益增长，人类对自然资源的索取也不断增加，然而人类能利用的自然资源却越来越少。因此，能源与环境问题成为当今人类社会面临的一个重大问题。在新能源的寻找和开发中，生物质能源将成为最有希望的新能源之一。在生物质资源中，微生物具有独特的生理代谢特点，其代谢产物在解决人类面临的资源危机中将发挥不可替代的作用。其中，沼气发酵是以农业、林业废弃物和城市垃圾为原料产生绿色、可再生能源，对社会和环境的和谐发展具有重要意义。

　　地球生物圈的 75% 都处于永久的低温环境中，包括极地和高山地区、海底深处、陆地和海洋表面、岩洞、高层大气、季节性和人工的冷环境。然而，对嗜冷性微生物的研究仍然较少，嗜冷性微生物具有微生物独特的生理代谢特点，其代谢产物在解决人类面临的资源危机中将发挥不可替代的作用。进入 21 世纪后，人类对自然资源的利用从有限的非生物资源时代过渡到无限的生物资源时代，这是解决资源紧缺的必然趋势。沼气作为低碳能源已成为我国能源的重要组成部分，具有非常广阔的发展前景。然而在北方寒冷地区，冬季温度常常低于 10℃，甚至达到 0℃ 以下。沼气池池温太低产气量不足，甚至冻伤沼气池而无法产气，成为制约北方户用沼气发展的主要因素。要解决北方户用沼气过冬问题，首先要对耐低温及嗜冷的产甲烷菌进行研究。因此，分离鉴定越冬沼气池中的嗜冷产甲烷菌，对于有效地控制发酵过程，了解发酵进行的阶段，优化发酵条件，提高产气效率，具有十分重要的意义。国内对沼气池中产甲烷菌的研究由来已久，但是对低温条件下沼气池中产甲烷菌的研究却不多见。利用生物技术手段，筛选、驯化和培育耐低温沼气发酵微生物菌种，这是解决沼气池冬季产气问题的有效途径。本文针对国内外对嗜冷性产甲烷菌进行系统性综述，旨在为北方户用沼气冬季正常使用提供一些参考，为更好地利用清洁能源做一些理论铺垫。

一、嗜冷性产甲烷菌的研究现状

　　自从 1887 年 Forster 首次发现在 0℃ 条件下生长的微生物以来，先后出现描述嗜冷菌的名词多达十几种。目前较为普遍的有 2 种，即"Psychrophile"和"Psychrotroph"。Morita 将那些最适生长温度 ≤ 15℃，上限生长温度 ≤ 20℃，下限生长温度 ≤ 0℃ 的微生物称为"Psychrophile"；Eddy 将"Psychrotroph"定义为只要能在 ≤ 5℃ 的条件下生长的微生物，无论其最适及上限生长温度是多少。显然"Psychrotroph"的概念涵盖了"Psychrophile"。为了便于区别，可将"Psychrophile"称为专性嗜冷菌，而将除去"Psychrophile"部分的"Psychrotroph"称为兼性嗜冷菌，两者合称嗜冷菌。

　　人们对嗜冷菌的研究远远落后于生活在高温、高盐环境中的其他嗜极微生物

（extremophile）。美国在国际上首次完成了对一株北极耐冷细菌的全基因组测序工作。国内对沼气池中产甲烷菌的研究由来已久，但是对低温条件下沼气池中产甲烷菌的研究却不多见。随着嗜冷菌在日用化工、食品、卫生保健、环境保护、星际生命探索等诸多方面的应用和理论研究价值的日益显著，以及研究手段的提高和视野的不断开阔，对嗜冷菌的研究在近年得到较大发展。近几年来，中科院、国家海洋局及水产科学院下属的部分研究所及部分大学已经在低温微生物及其酶类、新型药物筛选以及低温菌株的分子鉴定与系统发育等方面开展了一些研究工作并取得了部分成果。总而言之，国内对低温微生物的研究与开发力量还比较薄弱，研究范围较集中，研究深度也不够，这一状况还有待国内生物科技人员共同努力来加以改善。

产甲烷菌属于原核生物中的古生菌域，嗜冷产甲烷菌分为专性嗜冷产甲烷古生菌和兼性嗜冷产甲烷古生菌。专性嗜冷产甲烷古生菌可以在低于 20℃ 的环境中生长，高于 20℃ 即死亡。兼性嗜冷菌可以在低温下生长，也能在 20℃ 以上的环境中生长，也就是人们常说的耐冷性菌。

产甲烷菌比较难分离纯化，通常是以共生的方式共存的，嗜冷产甲烷菌更难以被分离纯化。关于这方面的文献报道很少。例如，1992 年，Michelle A Allen 等人从南极洲湖底（1~2℃）分离得到了一株嗜冷性产甲烷菌：伯顿拟甲烷球菌属（*Methanococcoides burtonii*），并且对它的基因组序列进行了研究，它是第一个正式鉴定的嗜冷微生物。研究表明，它利用甲胺和甲醇产甲烷，但不能利用氢气、二氧化碳或醋酸，属于甲基营养型产甲烷菌。伯顿拟甲烷球菌属是一个广泛嗜冷菌，生长温度相对广泛，生长范围零下 2.5~29℃。胡国全等人采用改进的亨盖特（Hungate）厌氧技术，从西藏林芝厌氧消化系统中分离到一株产甲烷菌菌株 LZ-6。该菌株为革兰氏阴性、不运动、球形、直径约 0.3~0.6μm。该菌株利用 H_2/CO_2，微利用甲酸生长，不利用乙酸、甲醇、甲醇/H_2、三甲胺、甲胺，最适生长 pH 值为 6.8~7.2，最适生长温度 25℃，最适 Na^+ 浓度 0.2 mol/L。菌株 LZ-6 的 16S rRNA 基因序列与小甲烷粒菌（*Methanocorpusculum parvum*）相似性为 99%。生理、形态结构特征等生物学特性研究表明此株产甲烷古生菌为兼性嗜冷产甲烷古生菌。1997 年，PETER D. FRANZMANN 等人从南极洲分离得到一株利用氢气产甲烷的嗜冷产甲烷菌，最适生长温度 15℃，并且在 18~20℃ 不生长，细胞不规则，无运动能力，利用氢气和二氧化碳产甲烷。这是有报道的分离得到的第一个利用氢气和二氧化碳产甲烷的嗜冷性产甲烷菌。2008 年，张桂山、东秀珠等人从青藏高原诺尔盖湿地分离得到一株嗜冷产甲烷菌（*Methanolobus psychrophilus*）。研究发现，该菌株是嗜冷的，在 18℃时生长最快，高于 25℃则不生长。甲醇是最适合的产甲烷底物，也可利用甲胺和二甲硫醚，不能利用 H_2-CO_2、甲酸盐和乙酸盐。生长 pH 值范围是 6.0～8.0，最适 pH 值是 7.0～7.2。这是国内有报道的第一个嗜冷产甲烷菌。

根据《伯杰氏系统细菌学手册》第二版中对产甲烷菌的分类，从冷环境中分离的产甲烷菌共包括 2 纲中的 5 个属，分别是产甲烷菌属（*Methanogenium*）、甲烷拟球菌属（*Methanococcoides*）、甲烷叶菌属（*Methanolobus*）、甲烷八叠球菌属（*Methanosarcina*）、甲烷杆菌属（*Methanobacterium*）。目前，从冷环境中分离的产甲烷菌较少（表 1-2），而真正嗜冷的产甲烷菌就更少。与低温湿地产甲烷菌相比，要解决北方户用沼气池冬季正常产气问题，需要生长温度更低的产甲烷菌。我们从内蒙古东北部的根河附近采集的污泥样品，当地的年均气温-5.3℃，最低达到-49℃。研究发现产甲烷菌在零下 20℃的环境下也可以存活，而在 0℃左右代谢正常，即可以正常产生沼气。我们将进一步研究，希望从样品中分离得到新的嗜冷产甲烷菌菌株，用于解决北方户用沼气池过冬问题。

二、嗜冷产甲烷菌的作用机制

人们对嗜冷微生物的研究越来越深入，但其嗜冷机制一直是个谜。嗜冷产甲烷菌等嗜冷微生物能够在较低温度下正常代谢，且具有较高的活性，是因为其在长期的进化过程中形成了一系列独特的适冷机制和生理生化特性。科学家们根据其他微生物对低温的适应包括改变膜的流动性和改变蛋白质翻译的机制等，对嗜冷产甲烷菌提出了几种可能的嗜冷机制。目前对嗜冷性产甲烷菌可能的嗜冷机理主要涉及细胞膜的流动性、嗜冷酶特性、tRNA 结构及冷休克蛋白（cold shock protein，CSP）功能等。

1. 细胞膜流动性的保持

与常温菌相比，嗜冷菌有独特的膜脂调控机制。温度降低对膜产生的影响首先表现为膜流动性的降低，最终丧失功能。因此，在低温下保持膜的流动性是微生物耐冷机理中的重要组成部分，而膜的流动性主要由脂肪酸组成决定。研究表明，革兰氏阳性菌的膜脂主要为分支脂肪酸，推测分支脂肪酸是革兰氏阳性菌膜脂的主要适冷机制。革兰氏阴性菌则呈现了不饱和分支和短链等多种膜脂脂肪酸调节方式，不饱和脂肪酸构成了嗜冷及耐冷革兰氏阴性菌的主要膜脂成分。此外，嗜冷菌还可通过改变脂肪酸烃链长度或调节膜蛋白的机制来适应温度变化。嗜冷菌的细胞膜中含有大量的不饱和脂肪酸，而且其含量会随温度的降低而增加，从而保证膜在低温下的流动性。这样细胞就能在低温下不断从外界环境中吸取营养物质，完成正常的新陈代谢。

2. 嗜冷酶特性

嗜冷菌通过产生冷活性酶（Cold-active enzyme）来调节它们的代谢活动并以此来适应低温环境。嗜冷酶在低温时具有独特的性质（很高的催化活性和低热稳定性）。一些研究表明，嗜冷菌能够产生不同类型的同工酶，这些同工酶的热稳定性不同，Brenchley 等发现一株嗜冷菌产生的 β-半乳糖苷酶同工酶随环境温度的改变具有不同的最适温度，产生不同类型的同工酶可能是嗜冷微生物适应低温的方式之一。与嗜温、嗜热酶相比，嗜冷酶中性氨基酸含量较高，具有较少的脯氨酸和精氨酸，较低的脯氨酸与赖氨酸比，较少的二硫键，且亲水性残基含量较高。另外，其他研究表明，减少盐桥、离子键、芳香环相互作用，减弱结构域的相互作用、增加表面环状结构也可以提高酶的柔韧性并降低其耐热性。嗜冷菌还可以在低温条件下大量分泌胞外脂肪酶、蛋白酶等，将环境中的生物大分子降解为小分子，有利于通过细胞膜。其在生物技术产业中具有相当大的潜在应用前景。

表1-2　从冷环境中分离得到的产甲烷菌

菌株名称	分离地点及时间	当地温度（℃）	生长温度（℃）	最适温度（℃）	利用底物	参考文献
Methanogenium frigidum	Ace Lake, Antarctica, 1997	1~2	0~18	15	H_2/CO_2，甲醇	10
Methanococcoides burtonii	Ace Lake, Antarctica, 1992	1~2	-2~28	23	甲胺，甲醇	7
Methanococcoides alaskense	Skan Bay, Alaska, 2005	1~6	5~28	24~26	甲胺，甲醇	12

（续表）

菌株名称	分离地点及时间	当地温度（℃）	生长温度（℃）	最适温度（℃）	利用底物	参考文献
Methanogenium marinum	Skan Bay, Alaska, 2002	1~4	5~25	25	H_2/CO_2，甲醇	13
Methanosarcina baltica	Skan Bay, Alaska, 2002	1~6	5~28	21	甲胺，甲醇，乙酸	14
Methanosarcina lacustris	Soppen Lake, Switzerland, 2001	5	1~35	25	H_2/CO_2，甲胺，甲醇	15
Methanolobus psychrophilus R15	Zoige Wetland at Tebtian Plateau, China, 2008	0.6~1.2	0~25	18	甲胺，甲醇，甲基硫醚	11
Methanobacterium MB	Peat bog, Siberia, 2007	1~3	5~30	25~30	H_2/CO_2	16
Methanogenium boonei	Skan Bay, Alaska, 2006	1~6	5~30	19.4	H_2/CO_2，甲酸	17

3. 冷休克蛋白与冷保护剂

细菌具有强大的环境适应能力，能够在低温条件下存活。一种名为"冷休克蛋白"的蛋白质是细菌低温存活的关键。1987年从大肠杆菌中发现了第一个冷休克蛋白。研究发现"冷休克蛋白"的mRNA具有感知冷暖的特殊能力。感知温度的特殊功能使"冷休克蛋白"的mRNA只有在低温的情况下才会表现稳定。也就是说，在低温下mRNA反而能够更有效地复制细菌的遗传信息，帮助细菌生存繁衍。研究表明，嗜冷产甲烷菌等嗜冷微生物在温度突然降低时，会诱导冷激蛋白的高表达，产生冷休克反应。冷激蛋白的产生一般出现在滞后期和对数生长期。而且，并不是只有嗜冷菌才能产生冷激蛋白，当生长温度突然降低时，无论是嗜冷微生物还是中温微生物都会被诱导产生冷激蛋白，只不过嗜冷微生物产生的更多。冷休克蛋白在嗜冷产甲烷菌的嗜冷机制中发挥着重要作用，但冷休克蛋白的功能和作用机制尚需进一步研究。

低温下微生物合成的一些小分子化合物对微生物的冷适应也具有重要的意义。如海藻糖、胞外多糖、糖胶甜菜碱、甘露醇等，被称为低温防护剂。这些化合物起到防止结晶、浓缩营养物质以及防止酶冷变性等作用——海藻糖被推测可以防止蛋白质变性凝聚。普遍认为胞外多糖改变了微生物的生理生化指标，帮助微生物有效保持细胞膜流动性并保存水分，协助浓缩营养物质，并保护酶免受冷变性。有研究发现，在嗜冷产甲烷菌中发现了一些可能的低温保护剂，包括甜菜碱，一些氨基酸及其衍生物等，被称为相容性溶质。Chen 等人对 *Methanolobus psychrophilus* R15 的基因组进行了全面分析，发现在 4℃时热聚体和 GroES／EL 这两种分子伴侣基因都上调。

4. tRNA 的结构与组成

tRNA 的成分组成对嗜冷产甲烷菌的热稳定性有重要影响。tRNA 中 GC 含量越高，其稳定性越高，但流动性越差，反之亦然。由于 tRNA 维持基本稳定性需要一定的 GC 含量，所以嗜冷产甲烷菌不能通过降低 GC 含量来提高 tRNA 的流动性。但是增加 tRNA 的流动性对于低温条件下其功能的实现具有十分重要的意义，这就要求嗜冷产甲烷菌必须通过其他途径来改善 tRNA 的流动性。研究发现，*Methanococcoides burtonii* 中 GC 的含量与嗜温、嗜热产甲烷菌相比并没有减少，但在 tRNA 转录后结合的二氢脲嘧啶含量远远高于其他对照古生菌。因此，这可能是嗜冷产甲烷菌改善 tRNA 局部构象从而增加 tRNA 流动性的关键之一。

三、嗜冷性产甲烷菌的应用

嗜冷性产甲烷菌对大部分低温生物圈的生物量有着重要的作用。一般情况下，这些环境都具有低氧或缺氧的特征并且缺少无机末端电子受体。在这样的条件下，有机物质主要通过甲烷生成进行生物转化。进行厌氧消化时，有机物质相继通过复杂的微生物群体降解成简单的前体化合物，比如醋酸盐，H_2/CO_2，甲酸盐和甲醇，进而由产甲烷菌产生沼气（主要成分为甲烷和 CO_2）。温度通过影响特殊微生物群体的活性和群落结构，从而影响甲烷产生的速度和碳分解的途径。通常，2/3 的甲烷都是通过乙酸或乙酸盐产生的。尤其在低温条件下，这种代谢途径尤为明显，当然，氢与 CO_2 转变为甲烷的模式在低温情况下也占有一定的比例。

1. 提高沼气产率，解决北方户用沼气池的过冬问题

为了提高沼气池发酵原料的分解利用率和产气量，国内外都十分注重沼气池内产甲烷菌的群落结构。探索适宜在低温条件下发酵产气的微生物，繁殖培养接种到沼气池，无疑是解决冬季产气量低的重要途径之一。我们对从呼和浩

特市和林县附近户用沼气池采取的沼液进行了低温驯化以及富集培养,筛选出了优势嗜冷产甲烷菌群,并且进行了实验室模拟发酵,产气量有明显提高。之后在 2011 年冬季和 2012 年冬季将该优势菌群添加到户用沼气池中,产气量也有明显提高。

2. 改善农村生态环境,提高人们生活质量

利用厌氧发酵生产沼气,解决了因养殖规模扩大带来的环境恶化问题,极大地改善了农村的生态环境,提高了人们的生活质量,促进了农业的可持续发展。发展农村沼气不仅能解决农村能源问题,而且能增加优质有机肥料,提高肥效,从而提高农作物产量,还可改良土壤;使用沼气,能大量节省秸秆、干草等有机物料,以便用来生产牲畜饲料和作为造纸原料及手工业原材料;兴办沼气,有利于净化环境和减少疾病的发生,有着丰富的资源和广阔的前景。

3. 节约能源,促进可持续发展

废弃物厌氧消化产生沼气有三方面作用:产生甲烷作为能源、污染物减排以保护环境、产生的固体可作为肥料。现有的厌氧消化工艺大多在中温和高温范围内进行,如牛莉莉、宋磊等人从产氢气的厌氧污泥中分离出一株新的嗜中温的厌氧消化菌,GW^T,用来处理中温食品厂的污水。而工业废水通常是常温或低温的,需对废水与废物进行加热预处理,这要耗费大量热能不利于资源的可持续发展。因此,开展低温厌氧消化技术对资源的可持续发展有重要作用。

4. 与人们的生活息息相关

此外,嗜冷菌为了适应低温环境,常常产生大量的嗜冷酶。嗜冷酶在工业上的应用优势在于这类酶催化反应最适温度较低,可以节约能源。例如低温蛋白酶可用于皮革处理,低温脂肪酶及蛋白酶可作为洗涤剂添加剂,这种洗涤剂可直接加入未经加热的自来水中用来洗衣服,既经济实惠,又可保护衣物。嗜冷微生物在低温下产生的嗜冷酶还可应用在食品加工方面。嗜冷菌容易污染冷藏室,其中一些菌株还能产生耐热毒素,对人类健康造成威胁。通过对嗜冷菌的研究将能更有效地控制该类微生物对食品的污染。

近年来,嗜冷产甲烷菌在低温厌氧消化中的应用受到越来越多学者的关注。开展低温高效厌氧生物处理技术的研究,有助于降低废水、废物处理成本,进而提高其处理率。然而温度的降低会使产甲烷菌的活性明显下降,从而对厌氧过程

产生明显的不利影响。利用嗜冷产甲烷菌实现低温厌氧生物处理过程，可从本质上突破低温厌氧工艺的技术瓶颈，从而实现低温下厌氧生物处理的高效、稳定运行。

四、嗜冷产甲烷菌的分子研究现状

目前在利用传统生物技术方法研究那些严格厌氧、生长缓慢的微生物类群时面临很大困难。由于缺少有效的研究方法，基于培养的传统技术的局限性已经限制了我们对各种厌氧环境中微生物的认识。随着现代分子生物学技术在生态学研究中的应用大大推动了微生物生态学的发展，也使探讨自然界中厌氧环境中微生物的种群结构及其与环境的关系成为可能。为了充分认识不可培养微生物的丰富资源，结合现代分子生物学技术的发展，已建立起了许多不需要对微生物进行独立培养的新方法和新技术。

分子生物学技术无需富集培养微生物，而是直接以生物的遗传物质为研究对象，在一定程度上克服了传统微生物研究方法的缺陷，对微生物及其种群研究具有更多优势，特别是对实验室条件下难以培养的微生物而言更具优势。FISH、T-RFLP、16S rRNA 基因和甲基辅酶 M 还原酶 α 亚基（mcr A）功能基因克隆文库（clone library），定量 PCR（quantitative PCR）等均被大量应用于低温环境中产甲烷菌的研究。

利用分子生物学技术提取沼气发酵微生物的宏基因组 DNA，构建宏基因组质粒文库，分析沼气池内微生物的多样性，了解沼气池内微生物群落的动态变化，为低温产甲烷菌的研究奠定更好的基础。徐彦胜，胡国全等人应用 RFLP 和DGGE 技术对沼气池中产甲烷菌的多样性进行了研究，并对其中的产甲烷菌种群结构进行了系统发育分析。

目前，要突破嗜冷产甲烷菌研究的瓶颈，应将重点放在菌种选育及其嗜冷机制的研究上。在菌种选育方面：应选育适应性好、对环境应激能力强、投放后菌群生理活性较高、能形成优势菌群的低温产甲烷菌群；提高分离筛选能力，分离筛选耐低温、耐酸化、酶活性高的沼气发酵菌种至关重要。目前得以分离培养的嗜冷产甲烷菌较少，了解古生菌的代谢途径和冷适应机制有助于通过合适的方法培养获得更多的嗜冷或耐冷古生菌。此外，传统培养方法和分子生物学技术在实际研究工作中都存在一定的局限性。因此，还应该考虑将分子生物学手段与传统的微生物学培养技术相结合，做到尽可能全面、准确地反映实际情况。

因此，进一步加强嗜冷产甲烷菌的研究，并开展其在低温厌氧生物处理中的应用研究，具有十分重要的理论与实际意义。

第二章 低温沼气发酵液中菌群的多态性分析

沼气在农村地区成为相对洁净的一种能源类型——生物质能源，在资源的利用，环境的改善方面起到了一定的作用，其应用前景良好。农作物的秸秆、人和牲畜的粪便，污水等等能在微生物的作用下被分解利用后产生可燃烧的沼气，实现了资源的充分利用。漫长的冬天在我国的北疆能持续将近 4~5 个月时间，在低温条件下，沼气发酵池内的产气量会受到一定程度的影响，沼气池中微生物的种类又对产气量有着相当重要的影响。如果能够筛选分离得到在低温条件下产沼气良好的菌群，使沼气池在低温下也能够产生足够量的沼气，就能解决此项问题。沼气池中主要有古生菌菌群（主要为甲烷鬃菌属与甲烷螺菌属）和细菌菌群（主要为梭菌目和互养菌属）。本实验将以内蒙古农业大学中心实验室取得的低温下产气良好的发酵液为样品，进行菌群总 DNA 的提取，进而做细菌和古生菌的 16s rDNA 的 PCR 实验，最后实施 DGGE 变性梯度凝胶电泳实验，分析沼气发酵液中菌群的多样性。

第一节 材料与方法

一、材料

1. 实验药品

SDS（十二烷基硫酸钠）、NaCl（氯化钠）、CTAB（十六烷基三甲基溴化铵）、Tris（三羟甲基氨基甲烷）、浓 HCl（盐酸）、EDTA（乙二胺四乙酸）、NaOH（氢氧化钠）、平衡酚、氯仿、异戊醇、蛋白酶 K、溶菌酶、异丙醇、无水乙醇、琼脂糖、6×Loading Buffer、DNA Marker、冰醋酸、GOLD VIEW（核酸染料）、10× PCR 缓冲液、20mmol/L 4 种 dNTP 混合液（pH = 8.0）、热稳定 *Taq* DNA 聚合酶、Acrylamide（丙烯酰胺）、Bis-acylamide（双丙烯酰胺/甲叉丙烯酰胺）、Ammonium persμLfate（过硫酸铵）、Formamide（去离子甲酰胺）、尿素（Urea）、TEMED、ddH$_2$O、AgNO$_3$、甲醛、去离子水、SYBR 核酸染料、2×gel loading dye。

2. 试剂配方

（1）10% SDS。配总质量 50g，称量 SDS 固体 5g，加入 45mL 的 H$_2$O，灭菌备用。

（2）5 mol/L 的 NaCl。配总体积 100mL，称量 NaCl 固体 29.22g，H$_2$O 定容至 100mL，灭菌备用。

（3）2% 1.4 mol/L CTAB/ NaCl。配总体积 100mL，称量 CTAB 固体 2.0g，NaCl 固体 8.182g，灭菌备用。

（4）1mol/L Tris-HCl（pH=8.0）溶液。配总体积 50mL，称取 Tris 6.055g，先加入 35mL 的 H$_2$O，用浓 HCl 调 pH 值到 8.0，然后再定容到 50mL。

（5）0.5M EDTA（pH=8.0）溶液。配总体积 50mL，称取 EDTA 7.3063g，先加入 35mL 的 H$_2$O，用 NaOH 固体调 pH 值至 8.0 后，再定容至 50mL。

（6）TE 缓冲液［10mmol/L Tris-HCl（pH=8.0）；1mmol/L EDTA（pH= 8.0）］。配总体积 250mL，分别加入 1M Tris-HCl（pH=8.0）溶液 2.5mL，0.5M EDTA（pH= 8.0）溶液 0.5mL，灭菌备用。

（7）苯酚：氯仿：异戊醇（25：24：1）。配 30mL，平衡酚 15mL，氯仿 14.4mL，异戊醇 0.6mL。

（8）氯仿：异戊醇（24：1）。配 25mL，氯仿 24mL，异戊醇 1mL。

（9）20mg/mL 蛋白酶 K。称量 15mg 蛋白酶，用 750μL 的 ddH$_2$O 溶解。

（10）20mg/mL 溶菌酶。称量 20mg 溶菌酶，用 1 000μL 的 ddH$_2$O 溶解。

（11）70% 的乙醇。配总体积 50mL，取无水乙醇体积 35mL，用 ddH$_2$O 定容至 50mL。

（12）50×TAE 缓冲液。配总体积 250mL，Tris 60.5g，冰醋酸 14mL，0.5M EDTA（pH=8.0）25mL，H$_2$O 定容。

（13）1×TAE 工作液。配总体积 1 000mL，取 50×TAE 缓冲液 20mL，H_2O 定容到 1 000mL。

（14）1%的琼脂糖凝胶（约 20mL 做一块板）。20mL 的 1×TAE，0.2g 的琼脂糖，GOLD VIEW（染料）3μL。

（15）40%的丙烯酰胺（Bis-Acr）配制。配制 10mL，加入 0.107g 的 Bis-acylamide 双丙烯酰胺，然后加入 3.89g 的 Acrylamide 丙烯酰胺，去离子水定容到 10mL。

（16）10%的 APS 过硫酸铵。取 1g 的过硫酸铵，用 9.5mL 去离子水溶解。4℃保存。

（17）固定液。配制 300mL，30mL 的无水乙醇，1.5mL 的冰乙酸，去离子水定容至 300mL。

（18）银染液。0.6g $AgNO_3$，300mL 去离子水，240μL 甲醛。

（19）显色液。4.5g NaOH，300mL 去离子水，1.5mL 甲醛。

二、方法

1. 利用改良的 CTAB 法提取沼气发酵液菌群 DNA

（1）取样 1.5mL 菌液进入 1.5mL 的离心管中，10 000r/min，离心 3min，弃上清液（此为预处理过程）。

（2）沉淀加入 450μL TE 和 50μL 溶菌酶，混匀后在 37℃水浴 1h，间隔 20min 颠倒一次（作用为细胞壁裂解）。

（3）加入 15μL 蛋白酶 K，30μL 10% SDS（十二烷基硫酸钠），轻轻上下颠倒混匀，55℃水浴 30min，中间每隔 10min 颠倒一次（SDS 裂解）。

（4）再加入 100μL NaCl（5mol/L）和 80μL CTAB/ NaCl，轻轻上下颠倒混匀，在 65℃水浴 10min（析出 DNA 保持较好解絮凝）。

（5）水浴结束后，加体积 700μL 苯酚：氯仿：异戊醇（25：24：1），轻轻颠倒几次（抽提过程）。

（6）4℃，12 000r/min，离心 10min，取上清液，注意不要吸到中间层的杂质，从液面由上至下逐渐吸取。

（7）加入 600μL 体积的氯仿：异戊醇（24：1），轻轻上下颠倒混匀（再抽提过程）。

（8）4℃，12 000r/min，离心 10min，取上清液，注意不要吸到中间层的杂质，从液面由上至下逐渐吸取。

（9）加入 500μL 体积的氯仿：异戊醇（24∶1），轻轻上下颠倒混匀，4℃，12 000r/min，离心 10min，取上清液，注意不要吸到中间层的杂质，从液面由上至下逐渐吸取，看到中间层没有白色后，不再重复氯仿：异戊醇抽提过程。

（10）加入 0.6 倍 300μL 预冷异丙醇，轻轻混匀后，置于–20℃冰箱内放置 30min。

（11）4℃，12 000r/min，离心 20min，弃上清液，加入 70%冷乙醇（约 1 000μL）轻轻颠倒洗涤 1 次，4℃，10 000r/min，离心 10min，弃上清液。

（12）室温风干，将 DNA 溶解于 40μL TE 溶液中，–20℃保存。

2. 用 1%琼脂糖凝胶电泳检验总 DNA

琼脂糖凝胶电泳是分离、纯化和检验 DNA 的常用手段。将 DNA 样品置于电泳槽样品孔中，并将电泳槽置于电泳仪电场中能够使负性的 DNA 样品在电场中从负极向正极迁移。具有不同分子质量的 DNA 在电场中的迁移速度不一样，分子量大的跑得慢，分子量小的跑得快，在凝胶中形成不同的条带。条带经核酸染料染色，在紫外线下显影。

凝胶电泳的实验步骤：制作 1%的琼脂糖凝胶胶板：在三角瓶中加入 0.2g 的琼脂糖，然后加入 1×TEA 溶液 20mL。加热使完全溶解；待温度降到 70～80℃时，加入 GOLD VIEW（核酸染料）3μL，摇匀，趁热倒入预先准备的制胶装置内，室温下待其完全凝固（30～45min）；垂直轻拨梳子，取下胶板和内槽。

电泳：将凝胶及内槽放入电泳槽中，加入电泳缓冲液 1×TEA 没过胶面约 1mm；加 3μL DNA 样品，加入 1μL 的 loading buffer 加样缓冲液，点样；电泳 20min，DNA 由负极（黑）向正极（红）移动，结束后取出胶板用紫外显影，并且照相保存图片。

3. 古生菌和细菌 16S rRNA 的 PCR 实验

PCR 是一种体外核酸扩增系统，原理类似于 DNA 的天然复制过程。在 DNA 模板存在的情况下，一端与 DNA 引物结合，经过预变性，循环的变性、复性（退火）、延伸等过程后，DNA 扩增 2^n 的产物。PCR 现已成为了分子克隆的重要手段之一。

为了做 DGGE（变性梯度凝胶电泳），必须设计好合适的引物去做细菌和古生菌的 PCR。为此需要将细菌和古生菌 16s rDNA 引物前加上 GC 夹子后进行 PCR 实验。

引物：$20\mu mol/L$ 细菌 16S rDNA 上游引物 p341f – GC（5' CGCCCGC-CGCGCGCGGCGGGCGGGGCGGGGGCACGGGGGGCCTACGGGAGGCAGCAG3'），$20\mu mol/L$ 细菌 16S rDNA 下游引物 p907r（5' CCGTCAATTCMTTTGAGTTT3'）；古生菌 16S rDNA 上游引 pARC109f – GC（5' CGCCCGCCGCGCGCG-GCGGGCGGGGCGGGGGCACGGGGGGACKGCTCAGTAACACGT3'）、$20\mu mol/L$ 古生菌 16S rDNA 下游引物 pARC934b（5' GTGCTCCCCGCCAATTCCT 3'）。

以提取的总 DNA 为模板。在 $200\mu L$ 的离心管中，做 PCR $50\mu L$ 的反应体系（表 2-1）。古生菌 PCR 的引物浓度为 $2\mu mol/L$，细菌的引物浓度为 $20\mu mol/L$。

表 2-1 古生菌和细菌 PCR 反应体系

	古生菌	细菌
10×PCR 缓冲液（μL）	5	5
20mmol/LdNTP（μL）	2	4
上游引物（μL）	2	0.25
下游引物（μL）	2	0.25
Taq DNA 聚合酶（μL）	0.25	0.5
模板 DNA（μL）	0.25	0.25
ddH2O（μL）	38.5	39.75

PCR 反应程序：①预变性，94℃，5min；② 30 个循环，变性，94℃，60S；复性，52℃，60S；延伸，72℃，90S；③末轮循环，延伸，72℃，6min；4～12℃冷藏。

4. 古生菌和细菌 DGGE 变性梯度凝胶电泳

DGGE 变性梯度凝胶电泳的原理：在聚丙烯酰胺凝胶中从上至下变性剂的浓度梯度逐渐升高，相同大小的 DNA 片段由于本身的碱基序列不同，所要求的解旋的变性剂浓度也不同。混合双链 DNA 在变性剂浓度呈线性梯度增加的聚丙烯酰胺凝胶中电泳时，当特定的 DNA 分子泳动至变性所需的变性剂浓度时，相对应的 DNA 发生解链变性，部分解链的 DNA 分子电泳迁移速率会降低。由于迁移速率改变后的 DNA 分子在凝胶中的停留位置不同，从而使不同 DNA 分子能够分离开。但是，一旦变性剂浓度达到 DNA 片段最高的解链区域温度时，DNA 片段就会完全解链成为单链 DNA 分子，于是单链的 DNA 又能在胶中继续迁移，不能分开。为了解决不同 DNA 片段的序列差异发生在最高的解链区域时，保证这些片段能被区分开来，在 DNA 片段的一端加上一段 GC 序列就能解决这个问题。所以我们在设计引物的时候就必须在其一端加上 GC 夹子。

DGGE 变性梯度凝胶电泳的步骤如下。

首先配制变性胶：准备做质量体积比为 6% 的聚丙烯酰胺凝胶，变性范围 30%~60%。先按表 2-2 配 30% 和 60% 的变性胶。配好后在冰盒子里保存 10min，最后两项 10%APS、TEMED 最后灌胶之前加，如果凝胶速度过快，可以考虑减量加入。在此过程中需要注意：使用的溶液均为去离子水配制。下面的两种变性胶分装两管，各 15mL，一管使用，一管备用。

表 2-2 变性胶的配制配方

	30%变性胶的配置 30（mL）	60%变性胶的配置 30（mL）
40%丙烯酰胺（Bis-Acr）	4.5mL	4.5mL
50×TAE	600μL	600μL
Formamide 去离子甲酰胺	3.6mL	7.2mL
尿素（Urea）	3.78g	7.56g
去离子水	定容至 30mL	定容至 30mL
10%AP（APS）	150μL	150μL
TEMED	30μL	30μL

（1）灌胶过程按以下步骤完成。

①将海绵垫固定在制胶架上，先将两个玻璃板清洗干净，擦干。将长玻璃放在下面，然后放上两侧的条形片状卡子，再压上短玻璃，然后用两侧的夹子将其夹住，做成一个类似于"三明治"结构的制胶板系统垂直放在海绵垫上方，短玻璃的一面正对着自己。然后卡住制胶架两侧的卡子。用片状的塑料板

放进两个玻璃板之间调节厚度，保持塑料板能够自由进出，但是又没有很大的缝隙。

②一共有三根聚乙烯细管，其中两根较长，一根较短。将短的那根与Y形管相连，两根长的则与小套管相连，并连在30mL的注射器上。

③在两个注射器上分别标记高浓度"H"与低浓度"L"，将注射器量程拉至15mL处，尝试调整梯度传送系统的刻度到适当的位置。在吸取两个变性胶之前在胶内加入10% APS和TEMED。最后将注射器安装上，扭紧。连接注射器的细管到Y型管上。

④将短管出口放在玻璃板缝隙间，逆时针方向旋转偏心轮，使液体流出进入制胶系统两玻璃板之间。

⑤待胶液流入差不多时，放入制胶梳子。等待其凝固，大约2个小时。

（2）然后进行DGGE电泳。

①先在电泳槽内加入1×TAE溶液，开启电源，设置温度到60℃，让仪器加热。

②待温度上升至要的温度后，移去制胶的梳子，将相关设备和胶移至电泳槽内。加入1×TAE至maximum处，刚淹没胶孔。

③在所获得的PCR产物中取40μL，其中加入3μL的2×gel loading dye。

④用注射器吸取样品点样，每次吸取样品后，用去离子水清洗2次。最后盖上盖子。

⑤连接电泳仪，设置恒压75V，保持14h。在仪器的槽外边，放几个冰袋。

⑥在盘中倒入固定液，戴上PE手套，取出胶，先揭开小玻璃，顺着玻璃轻轻放入固定液中，保持15min。回收固定液。去离子水清洗，倾倒出。

⑦在盘中倒入银染液，染色15min，摇晃。回收银染液。去离子水清洗，倾倒出。

⑧在盘中倒入显色液，摇晃，直至能够肉眼看见条带为止。倒掉显色剂，加去离子水清洗，倾倒出。

⑨将胶转移至塑料板上，拿到透射紫外下照相。保存照片。

第二节 结果与分析

1. 菌群总 DNA 的结果分析

从图 2-1 可以看见总 DNA 样品（1 号、2 号、3 号、4 号）均有出带，但是 DNA 出现了拖带现象。由于没有使用 RNA 酶，都有 RNA 的杂质存在。Maker 采用 DL 2 000bp 的，但是总 DNA 的分子量很显然远大于 2kb。

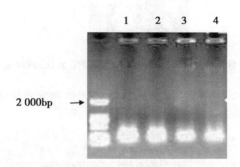

图 2-1 总 DNA 提取的图片

2. 古生菌和细菌 16S rDNA 的 PCR 产物检测结果

分别采用古生菌和细菌 16S rRNA 的特异引物进行 PCR。从电泳图上可以看出：古生菌目的片段大小比细菌的略大，根据 TaKaRa DL 2000 的 Marker 显示，分别约为 1 200 bp 和 700bp。与文献上报道的古生菌 16S rRNA 在特异引物（pARC109f 和 pARC934b）的 PCR 产物 825bp、细菌 16S rRNA 在特异引物（p341f 和 p907r）的 PCR 产物比 578bp 略大，可能是由于 PCR 采用的 Buffer 液体与 Marker 的 Buffer 液差异导致。

3. 细菌和古生菌 DGGE 结果分析

图 2-3，图 2-4 分别是 DGGE 的白光和紫外光的照片。不同位置的条带代表不同的微生物，统计图片中的不同位置的条带可以看出：细菌可见条带为 31 条，古生菌可见条带 7 条。说明沼气发酵液中细菌菌群数量明显多于古生菌。在图 2-3 中标出较为清晰的条带 1 号至 18 号，其中 1，2，6，7，8，11，13，18 号条带最亮，在菌群中为优势种；古生菌（1A，2A，3A，4A）条带不清晰，其中的

条带 A 较为清晰，为优势的种，条带 B 没有分开，还有条带 C，D，E，F，G。

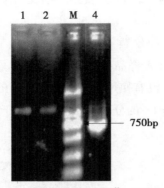

泳道1和2为古生菌；泳道4为细菌；M:DL 2 000bp

图 2-2 古生菌和细菌的 16S rRNA 的 PCR 产物电泳结果

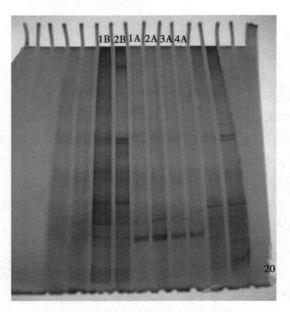

图 2-3 DGGE 白光透射数码相机拍摄照片

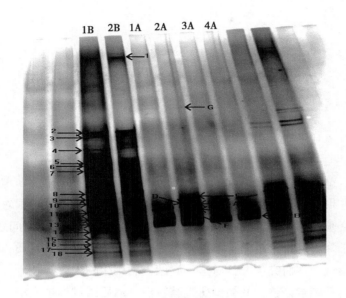

A 为古生菌；B 为细菌

图 2-4 DGGE 透射紫外下拍摄图片

第三章　产纤维素酶微生物

纤维素、沼气等作为逐渐取代原有的石油、煤等化石能源的新型能源，逐渐被大家相识并得到广泛应用，尤其是在中国，户用沼气已经是中国农村百姓生活不可或缺的必须品。但在开发与利用它的同时，许多不可预知的问题相继出现，如低温环境下降解纤维素缓慢，不能及时为产甲烷菌提供营养基质，致使沼气池微产或不产沼气。本研究主要针对这一问题，利用生物工程等技术，富集筛选出低温兼性降解纤维素菌群，并初步研究其特性，然后通过模拟发酵，测定发酵指标确定其作用。本研究将解决我国北方寒冷地区冬季户用沼气池不产气或微产气的问题，为我国生态环境保护、农村经济发展奠定基础。

有关于纤维素降解菌的资料与文献中记载的大多数是高温或常温的研究，而对于目前实际生产中低温状态下降解纤维素的菌种涉及不多。因此，选育低温下降解纤维素的菌种，可解决我国北方冬季低温沼气发酵技术的难题。根据微生物降解纤维素的作用机理来看，在常温与高温条件下，它们可以有效地将纤维素降解成为葡萄糖，而在低温环境下，不降解或微降解。所以，在低温条件下，筛选降解纤维素微生物是现在研究者比较关注的问题。本章将逐一进行介绍。

第一节　材料与方法

一、材料

1. 样品采集

样品于冬季 12 月至翌年 1 月期间，分别在内蒙古自治区的 3 个地区的 5 个地方取得：一是呼伦贝尔地区户用沼气池中的沼液1；二是兴安盟地区的已经半发酵的羊粪、牛粪以及冻河下3~4cm的冻土；三是呼和浩特市北岛拉板地区的户用沼气池中的沼液2、沼液3、沼液4；四是内蒙古农业大学树林中覆盖落叶的土壤；五是黄河边矮草边及小黑河的黄土；将样品取出后立即放置于-20℃冰箱保藏并驯化。

从北方寒冷地区采集的马粪、河流污泥、湿地泥样、牛粪、沼液等，其中沼液是于2010年12月在呼和浩特市倒拉板村农户采集，4℃冰箱驯化3年的样品。其他采集的样品放入500mL三角瓶中配成浓度为20%的样品，4℃摇床培养14d，以待备用。

2. 培养基

（1）纤维素初筛培养基。KH_2PO_4 2.0g，$MnSO_4$ 1.6mg，$ZnCl_2$ 1.7mg，$CoCl_2$ 2.0mg，$(NH4)_2SO_4$ 1.4g，$MgSO_4 \cdot 7H_2O$ 0.3g，$CaCl_2$ 0.3g，$FeSO_4$ 5.0mg，羧甲基纤维素钠（CMC-Na）20.0g，琼脂20.0g，蒸馏水1 000mL，pH=6.5。

（2）刚果红鉴别培养基。CMC-Na 2.0g，K_2HPO_4 1.0g，$(NH4)_2SO_4$ 2.0g，NaCl 0.5g，$MgSO_4 \cdot 7H_2O$ 0.5g，刚果红0.4g，琼脂20.0g，蒸馏水1 000mL，pH=7.0。

（3）富集培养基。羧甲基纤维素钠（CMC-Na）2.0g，KH_2PO_4 2.0g，$MnSO_4$ 1.6mg，$(NH4)_2SO_4$ 1.4g，$CaCl_2$ 0.3g，$ZnCl_2$ 1.7mg，$MgSO_4 \cdot 7H_2O$ 0.3g，$FeSO_4$ 5.0mg，$CoCl_2$ 1.7mg，蒸馏水1 000mL，pH=7.0。

（4）摇瓶发酵产酶培养基。CMC-Na 10.0g，胰蛋白胨2.0g，$(NH_4)_2SO_4$ 4.0g，牛肉膏5.0g，KH_2PO_4 2.0g，蒸馏水1 000mL，自然pH值。

（5）油脂培养基。牛肉膏5.0g，蛋白胨10.0g，NaCl 5.0g，花生油10.0g，1.6%中性红0.1mL，琼脂15.0~20.0g，蒸馏水1 000mL，pH=7.2。

（6）明胶液化培养基。蛋白胨5.0g，明胶100~150g，水1 000mL，pH值7.2~7.4。

（7）淀粉培养基。牛肉膏0.3g、蛋白胨1g、氯化钠0.5g、琼脂2g、蒸馏水100mL，pH值为7.0~7.2，0.2%的可溶性淀粉。

（8）过氧化氢培养基。纤维素初筛培养基，3%的过氧化氢溶液。

3. 试剂的配制

（1）3,5-二硝基水杨酸试剂（DNS试剂）。

A 液：先用少量热水溶解 185g 酒石酸钾钠，再定容至 500mL。

B 液：取 500mL 大烧杯，称取 DNS（3，5-二硝基水杨酸）6.3g 用少量的蒸馏水溶解。配置 2mol/L 的 NaOH 溶液，加 262mL NaOH 溶液于 DNS 溶液中。将 B 液加入 A 液中，再依次加入 5 g 结晶酚、5 g 无水亚硫酸钠，搅拌使其充分混匀，冷却后在容量瓶中定容至 1 000mL，混匀后转移至棕色瓶中贮存室温放置一周后使用。

（2）0.05 mol/L pH = 4.5 的柠檬酸缓冲液。

A 液：称取 $C_6H_8O_7 \cdot H_2O$（MW = 210.14）21.014g，少量蒸馏水溶解后，移入 1 000mL 容量瓶中定容至 1 000mL。

B 液：称取 $Na_3C_6H_5O_7 \cdot 2H_2O$（MW = 294.12）29.412g，少量蒸馏水溶解后，移入 1 000mL 容量瓶中定容至 1 000mL。

量取 A 液 27.12mL，B 液 22.88mL，混匀后用蒸馏水定容至 100mL。

（3）葡萄糖标准溶液。将葡萄糖在恒温干燥箱中干燥至恒重。准确称取 0.5000g 葡萄糖，用蒸馏水溶解并定容至 500mL，充分混匀后在 4℃ 冰箱中备用。

（4）NaOH 溶液的标定。配制 NaOH 溶液，初始浓度为 0.1mol/L，准确称取邻苯二甲酸氢钾 3 份，分别为 0.2251g、0.2171g、0.2383g，分别放入三角瓶中，然后加入 10mL 煮沸的蒸馏水，等到完全溶解后，加入两滴酚酞试剂，NaOH 溶液的用量分别为 10.90mL、10.55mL、11.87mL，算出邻苯二甲酸氢钾基准试剂的平均值，最后得出 NaOH 溶液的标准浓度为 0.1062mol/L。

（5）HCl 溶液的标定。配制 HCl 溶液，初始浓度为 0.1mol/L，用 10mL 移液管准确称取上述溶液 3 份，每份溶液各 10mL，然后用标定好的 NaOH 溶液进行滴定，NaOH 溶液用量分别为 9.66mL、9.45mL、9.35mL，最后得出 HCl 溶液的标准浓度为 0.1007mol/L。

（6）甲酸、乙酸、丙酸、丁酸、戊酸、异戊酸、乳酸标样的配置。准确分别称取甲酸、乙酸、丙酸、丁酸、戊酸、异戊酸、乳酸溶液 1.0mL、1.0mL、0.5mL、0.2mL、1.0mL、1.0mL、2.0mL 放到 30mL 试管中，然后向每个试管中加入蒸馏水至 25mL 处，充分摇匀后用 NaOH 标准溶液进行标定，分别取上述溶液甲酸、乙酸、丙酸、丁酸、戊酸、异戊酸、乳酸各 1mL，然后加入 10mL 蒸馏水和两滴酚酞试剂，每个标样 3 个平行。各标样的 NaOH 标准溶液和最终浓度见

表 3-1。

表 3-1 标样的标准溶液和最终浓度

	平行（mL）			浓度（mol/L）
	1	2	3	
甲酸	9.04	8.99	8.97	0.9558
乙酸	7.11	7.38	7.26	0.7700
丙酸	2.75	2.80	2.79	0.2952
丁酸	1.02	1.07	1.01	0.1094
戊酸	3.60	3.55	3.60	0.3802
异戊酸	3.31	3.39	3.39	0.3568
乳酸	7.30	7.39	7.54	0.7869

（7）四甲基氢氧化铵标定。准确量取上述标定好的 HCl 溶液 10mL，移入到三角瓶中，试验 3 个平行，然后各加 2 滴 1%的酚酞试剂，用未知的四甲基氢氧化铵进行滴定，记录滴定所用的体积，试验结果 3 个平行滴定体积分别为 3.00mL、2.90mL、2.90mL，由公式计算得四甲基氢氧化铵浓度为 0.3433mol/L。

4. 主要实验设备

表 3-2 主要试验设备

序号	名称	型号	厂家
1	Haier 家用电冰箱	BCD-539WH	青岛海尔股份有限公司
2	生化培养箱	BD-SPXD-450	南京贝蒂实验仪器有限公司
3	电热恒温鼓风干燥箱	DHG-9240A	申仪国科科技有限公司
4	电热恒温培养箱	DHP-9052	北京利康达圣科技有限公司
5	CX 系列生物显微镜	CX21	雷康恒森商贸有限公司
6	电子天平	YP5002	上海佑科仪器仪表有限公司
7	万用电炉	DL-1	上海雷韵试验仪器有限公司
8	漩涡仪	S0200-230V	上海珂淮仪器有限公司
9	电子分析天平	FA 1004B	上海佑科仪器仪表有限公司
10	紫外可见分光光度计	MV752	上海佑科仪器仪表有限公司

（续表）

序号	名称	型号	厂家
11	恒温水浴锅	D2KW-C	国华电器有限公司
12	离心机	TG16-WS	长沙维尔康湘鹰有限公司
13	pH计	PHS-3C	上海佑科仪器仪表有限公司
14	高压蒸汽灭菌器	MLS-3750	三洋电机株式会社
15	厌氧培养箱	855-AC	PLAS BY LABS. MSA
16	星星冰柜	BD/BC-200FH	浙江太康生物科技有限公司
17	星星冰箱	BCD-198SAV	星星集团有限公司
18	气相色谱	GC7900	上海天美科学仪器有限公司
19	液相色谱	LC-NEXT	日本分析工业株式会社

二、方法

1. 纤维素菌的筛选、分离及纯化

将采集的样品进行富集培养后，分别取已配制好的浓度为20%的样品进行稀释，取 10^{-5}，10^{-6}，10^{-7} 3个梯度 50μL 进行涂布，培养基采用纤维素初筛培养基，每个梯度3个平行，然后立即放入4℃培养箱中，培养5~10d，并随时观察结果，对生长出来的菌体进行分离培养，然后进行3次纯化试验。

同时，将采集回来的样品放在用塑料瓶自制的简易密封罐中模拟堆肥。将玉米秸秆粉碎，超声振荡30min，烘干。取适量秸秆粉铺于上半部去掉的矿泉水瓶内，然后撒入少许土样再铺一层秸秆粉，这样一层土样一层秸秆粉直至装满整瓶，加入少量水，压实，密封，4℃冰箱内培养10~20d观察。选取瓶内松动有气体产生的样品，做好标记及试验记录。将富集用液体培养基分装于三角瓶内，然后加入滤纸条4张（普通滤纸剪7×1 cm纸条），滤纸条贴于瓶壁，一半浸入培养液中，一半暴露于空气中，121℃灭菌20min。将样品稀释成 10^{-1}~10^{-3} 的各级浓度的稀释液，将装有富集培养基的三角瓶编号 A^{-1}、A^{-2}、A^{-3}，用无菌移液管吸取5mL稀释液接种到对应三角瓶中，4℃培养10~30d，至滤纸条断裂，选择断裂分解程度大的三角瓶，吸取瓶内液体稀释成 10^{-3}~10^{-5} 各级浓度的稀释液，涂布于分离固体培养基，4℃冰箱培养20d，选取有单一菌落的平板，用接种环

挑取在固体分离培养基上划线，划线分离多次至得到纯化的单菌落。

2. 鉴定试验

纤维素降解微生物所用的培养基为刚果红鉴定培养基，变色原理为：刚果红能与培养基中的纤维素形成红色复合物。当纤维素被纤维素酶分解后，刚果红-纤维素复合物便无法形成，培养基中会出现以纤维素分解菌为中心的透明圈，通过是否产生透明圈来筛选纤维素分解菌。培养一段时间后培养基会出现蓝黑色，这是因为菌体在平板上分泌有机酸，pH 值下降，使刚果红变蓝黑色。

将分离纯化得到的单菌落点接在刚果红纤维素鉴定培养基上，4℃培养 20d，用 1mol/L HCl 固定分解纤维素的透明圈，测量透明圈直径大小，进行初筛。将分离固体培养基分装到试管中，制成斜面，把筛选出的菌株进行斜面保藏。

3. pH 值变化曲线

试验模拟发酵共有 8 个参数，分别为 1，2，3，12，13，23，123，空白。8 个模拟瓶分别编号为 1、2、3、4、5、6、7、空白，1 号瓶中接入 XB-1，2 号瓶中接入 XB-7，3 号瓶中接入 XB-15，4 号瓶中接入 XB-1、XB-7，5 号瓶中接入 XB-1、XB-15，6 号瓶中接入 XB-7、XB-15，7 号瓶中接入 XB-1、XB-7、XB-15，空白为对照试验。初始 pH 值分别为 7.00、7.00、6.98、7.00、6.97、7.00、7.01、7.00。每个实验 3 个平行，见表 3-3。整个试验发酵过程中，每 7d 测试一次 pH 值，描绘出整个发酵过程中 pH 值的走势图。

表 3-3 试验初始 pH 值

编号	接入菌株	初始 pH 值
1	XB-1	7.00
2	XB-7	7.00
3	XB-15	6.98
4	XB-1、XB-7	7.00
5	XB-1、XB-15	6.97
6	XB-7、XB-15	7.00
7	XB-1、XB-7、XB-15	7.01
空白	空白	7.00

4. 酶活试验

（1）摇瓶产酶试验。初步测定单个菌株的酶活以及组合酶活的活力，为下一步模拟实验提供参数，摇瓶产酶试验共分为 8 个实验，培养基都为纤维素液体培养基，试验器材为 250mL 厌氧瓶，敞口，试验条件为 4℃ 振荡培养箱，每隔 7d 测定一次酶活。

（2）相对酶活试验。试验从各个样本中共筛选出 16 株纤维素降解微生物菌株，将上述样品中分离纯化后的单个菌株点接在纤维素培养基上，4℃ 培养 15d，测定其透明圈的直径以及菌落的直径。透明圈直径为 R，菌落直径为 r，相对酶活 $E = R/r$。

（3）滤纸酶活（FPA）试验。试验共有 8 个模拟瓶，对其筛选的 16 株纤维素降解菌株挑选酶活相对较高的 3 株菌株（XB-1、XB-7、XB-15）进行模拟，首先对 3 菌株进行液体富集培养，培养时间为 15d，镜检计数，算出每个液体富集培养数量级，然后添加到 8 个模拟瓶中，模拟瓶中初始 pH 值、温度、底物等都一样，初始接入的菌种数量级都一样，每个试验 3 个平行。每隔 7d 测定一次滤纸酶活。描绘出整个发酵过程中的滤纸酶活趋势图。

5. 模拟发酵总产气量的测定

对 8 个模拟瓶，采用集气排水法（图 3-1）进行总产气量的测定，每 7d 记录一次产气量，并计算整个发酵过程的总产气量。

6. 模拟发酵产甲烷的测定

8 个模拟瓶试验，每 7d 测定甲烷浓度方法研究整个发酵过程中的纤维素微生物降解基质的程度以及能力大小。甲烷浓度采用气象色谱法进行测定；甲烷标样纯度为 100%，稀释进样。

7. 发酵过程中 VFA 的含量变化

（1）样品前处理。

①取样品 1mL 于表面皿上，加入 0.5mL 丙酮，然后用四甲基氢氧化铵滴定至 pH 值至 8~9，记录滴定体积。

②将表面皿于 80℃ 水浴锅上蒸干，用枪头吸取少量 N-N-二甲基乙酰胺冲洗表面皿上溶液和沉淀，然后移入 10mL 试管中，定容至 2mL，加盖。

③利用滴定时所用的四甲基氢氧化铵体积和浓度计算所用碘甲烷的体积，计

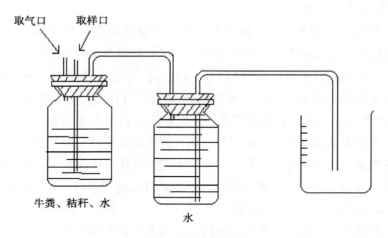

图 3-1 集气排水法

算公式：

$$V = \frac{141.97 \times C_{四} \times V_{四}}{2.3} \times 2 \times 1.1$$

其中，V 为碘甲烷的用量，单位 μL；$C_{四}$ 为四甲基氢氧化铵浓度，单位 mol/L；$V_{四}$ 为四甲基氢氧化铵体积，单位 mL。

④根据计算数据加入碘甲烷，摇匀，静止 30min，待样品澄清，用带过滤器的针头吸取上清液移入进样瓶中等待进样。

（2）标准曲线的绘制。准确量取甲酸、乙酸、丙酸、丁酸、戊酸、异戊酸、乳酸各 1mL 放到带刻度的试管里，试验共 5 个平行，然后分别把 5 个试管定容到 10mL、25mL、50mL、100mL、250mL，混匀等待进样。根据稀释倍数和峰面积绘制标准曲线。

（3）VFA 的测定。发酵过程中，随着纤维素降解菌的加入，会降解更多的纤维素，分解为更多的单糖等营养底物供第二类菌体使用，底物中 VFA 的数量会相应增加，相对应的甲烷产气量会增加，本实验通过 7d 测量一次 VFA 含量，定性分析纤维素降解菌的作用以及产气量的变化趋势。测定的数据带入标准曲线，计算出底物中相应酸的浓度。

8. 生理生化试验

（1）明胶液化实验。有些细菌能够通过分泌蛋白酶来分解明胶，从而产生小分子物质。若细菌具有分解明胶的能力，则明胶培养基会由原来固体状态变成液体状态。将配制好的培养基（115℃、15min）分装，试管中培养基高度4~5 cm，用穿刺接种法接种并留一支不接种的空白试管作为对照。将接种后的试管于4℃下恒温培养10d。在20℃以下的室温观察生长情况和明胶是否液化，如菌已生长，明胶表面无凹陷且为稳定的凝块，则为明胶阴性，如明胶部分或全部变为流动的液体，则为阳性；若菌已生长，明胶未液化，但明胶的表面菌苔下出现凹陷小窝（需与未接种的对照管比较，因培养过久的明胶因水分失散也会出现凹陷），也是轻度水解，按阳性记录。

（2）淀粉水解实验。初步鉴定细菌是否有合成淀粉酶的能力，可以分泌胞外淀粉酶。淀粉酶可以使淀粉水解为麦芽糖和葡萄糖，淀粉水解后遇碘不再变蓝色。配制好一定量的淀粉培养基，在灭菌锅中121℃下灭菌20min，取出后将熔化后的淀粉培养基倒入无菌平皿中，待凝固后制成平板。留一不接种的空白做对照，其余用接种环取少量待测菌点接在培养基表面，每皿接3点平均分布，每一种菌做3个平行。将接种后的平皿置于4℃恒温培养箱培养10d。取出平皿，打开平皿盖，滴加少量的卢哥氏碘液于平皿上，轻轻旋转，使碘液均匀铺满整个平板。菌落周围如出现无色透明圈，则说明淀粉已经被水解，表示该菌具有分解淀粉的能力。

（3）过氧化氢（H_2O_2）实验。该实验是用于检测细菌是否具有接触酶活性。接触酶又称为过氧化氢酶，是一种以正铁血红素作为辅基的酶，能将H_2O_2分解为水和氧气。一般好氧菌与兼性厌氧细菌（除某些链球菌、乳酸杆菌等外）都能产生接触酶，而厌氧细菌不产生接触酶，这是区别好氧和厌氧菌的方法之一。如检测菌能产生过氧化氢酶，则滴加H_2O_2时能看到立即有大量气泡产生，此为阳性；否则不产生气泡者为阴性。配制好一定量的培养基，在灭菌锅中121℃下灭菌20min，取出后将熔化后的牛肉膏蛋白胨琼脂培养基倒入无菌平皿中，待凝固后制成平板，有一不接种的空白做对照。用接种环取少量的待测菌用划线法接种在倒好的培养基平皿上，每一种菌做两个平行。将接种后的平皿置于4℃恒温培养箱中培养10d。出现菌体后，取洁净小试管5支，每支中加入少许3%的H_2O_2，用清洁无菌的玻璃棒蘸取少许菌体，插入于H_2O_2液面下，以一支不加菌体的为对照，观察，有气泡产生者为阳性，无气泡产生者为阴性。不可用铂环取细菌，因为铂有时可使 H_2O_2 产生气泡。

（4）油脂分解实验。细菌产生的脂肪酶能分解培养基中的脂肪生成甘油及脂肪酸，脂肪酸可以使培养基 pH 值下降，可通过在油脂培养基中加入中性红做指示剂进行测试，中性红指示范围为 pH 值为 6.8（红）~8.0（黄）。当细菌分解油脂产生脂肪酸时，则菌落周围培养基中出现红色斑点。配制好一定量的培养基后，将培养基在灭菌锅中 121℃下灭菌 20min，取出并充分振荡使油脂均匀分布，再倾入无菌平皿中，待凝固后制成平板，以一不接种的空白做对照。用接种环将菌种划线接种在平皿上，将接种后的平皿置于 4℃恒温培养箱培养 10d。若平皿上长菌的地方显现红色斑点，即说明脂肪已被水解，此为阳性反应。

第二节　结果与分析

1. 纤维素菌的筛选结果与分析

（1）纤维素降解菌纯化结果。试验共分离得到 16 株纤维素降解微生物。图

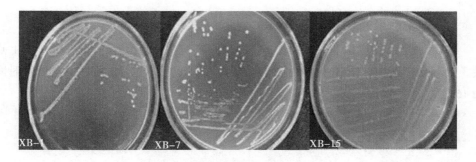

图 3-2　纤维素降解微生物

3-2 为其中的 3 株纤维素降解微生物 XB-1H、XB-7 和 XB-15，培养时间为 15d。接种到摇瓶中的菌株，在 4℃下培养 30d 后滤纸条断裂。根据滤纸条断裂的特征可以推测分离出的菌株可能具有分解纤维素的能力（图 3-3）。

（2）微观形态观察及活菌数测定。摇瓶产酶试验和模拟发酵前需对纤维素降解微生物进行活菌数测定，其培养基为纤维素液体培养基，菌体为 XB-1、

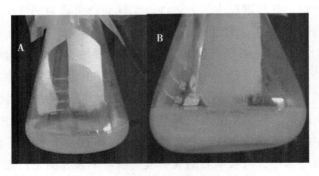

图 3-3　微生物使滤纸条断裂的情况

XB-7和 XB-15。

表 3-4　纤维素降解微生物活菌数

菌株名称	数量级
XB-1	2.8×10^8
XB-7	1.5×10^8
XB-15	2.5×10^8

2. 纤维素菌的特性试验结果

（1）刚果红鉴定试验结果。在刚果红培养基上点接菌种，每个培养基上点接 3 处和划一条线，图 3-4 中的纤维素菌为 XB-1、XB-7 和 XB-15，培养时间为 15d。

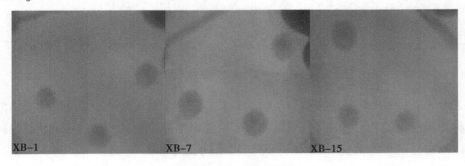

图 3-4　刚果红鉴定结果

（2）pH 值变化趋势。为分析发酵过程处于某个阶段以及第几类优势菌群在起关键作用，在整个发酵过程中对 pH 值做了详细记录。

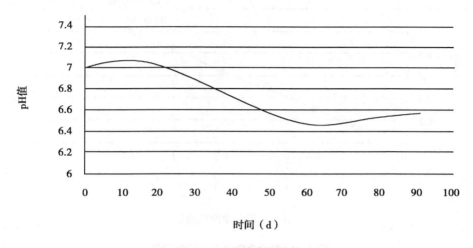

时间（d）

图 3-5　pH 值变化趋势

从图 3-5 可以看出，整个发酵过程中，随发酵时间延长 pH 值先缓慢上升，继而持续下降，最后略微上扬。分析其原因，开始阶段，pH 值缓慢上升，可能由于初始甲烷菌把底物中的有机酸略微消耗，而纤维素降解微生物尚处于环境适应当中，VFA 以及气相色谱测定结果也表明，与空白对照相比，VFA 没有明显增加，而初始有甲烷气体生成，从而导致 pH 值上升。pH 值下降阶段，由于纤维素降解微生物和第二类菌体作用于底物，导致环境中的有机酸大大增加。后期pH 值的下降，可能由于产甲烷菌消耗有机酸的速度小于纤维素降解微生物和第二类菌体所产生的有机酸，导致环境中的 pH 值微微下降。最后 pH 值趋于平衡，环境处于一个动态平衡状态。

（3）酶活测定。

①A. 葡萄糖标准曲线。

②相对酶活试验结果。

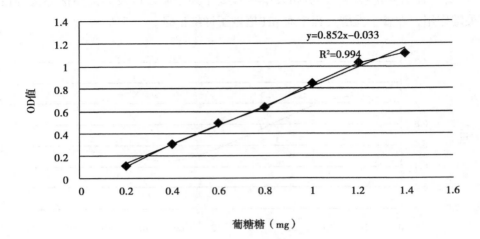

图 3-6 葡萄糖标准曲线

表 3-5 纤维素降解菌的相对酶活

菌株编号	菌落直径 (mm)	透明圈直径 (mm)	相对酶活力 (R/r)	滤纸酶活力 (7d) (μg/mL/min)
XB-1	2.5	24	9.60	29.73
XB-2	2.3	11	4.78	12.23
XB-3	13	21	1.62	7.12
HLH-4	2.6	9	3.46	14.54
HLH-5	2.4	10	4.17	13.87
HLH-6	2.4	11	4.58	15.11
XB-7	3	22	7.33	29.10
SD-8	2.6	12	4.62	14.66
SD-9	14	24	1.71	6.65
SD-10	2.2	8	3.64	9.23
SD-11	2.2	9	4.09	15.19
DF-12	2.3	10	4.35	18.61
DF-13	2.3	10	4.35	17.40
DF-14	2.5	9	3.60	13.74
XB-15	2.5	19	7.60	28.75

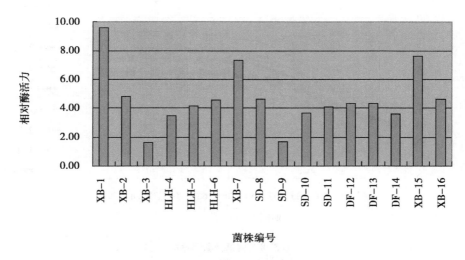

图 3-7　纤维素相对酶活力

从表 3-7 可以看出，分离出来的 16 株纤维素降解菌株中 XB-1、XB-7 和 XB-15 相对酶活力较高，分别为 9.60、7.33 和 7.60；7d 酶活力也相对较高，分别为 29.73μg/mL/min、29.10μg/mL/min 和 28.75μg/mL/min，酶活相对较小的为 XB-3、SD-9，相对酶活力分别为 1.62、1.71。7d 酶活力也相对较低，分别为 7.12μg/mL/min、6.65μg/mL/min，最高的菌株相比最低的菌株相对酶活力高近 6 倍。所以选择 XB-1、XB-7、XB-15 作进一步试验的菌株。

③摇瓶产酶试验结果。

从图 3-8 可以看出，酶活在整个实验阶段都在上升，大致可以分为 3 个阶段：前 21d 为第一阶段，酶活上升较为缓慢，分析其原因可能由于纤维素降解微生物对环境的一个适应过程；21~42d 为第二阶段，酶活上升速度较快，分析原因可能为纤维素降解微生物已经适应了新的环境，微生物繁殖速度加快；42~63d 为第三阶段，酶活上升速度逐渐放缓，分析原因可能是环境中可利用的底物浓度减少，微生物繁殖的速度减慢，还可能由于整个环境中产甲烷菌或产氢产乙酸微生物基本达到动态平衡对应。实验中可以看出 XB-1、XB-7、XB-15 混合酶活最高，表现出良好的协同作用，去除了产物抑制或空间的阻碍效应，使总反应速度提高，更能有效降解沼液中复杂的纤维素基质，为后期产甲烷菌提供更好

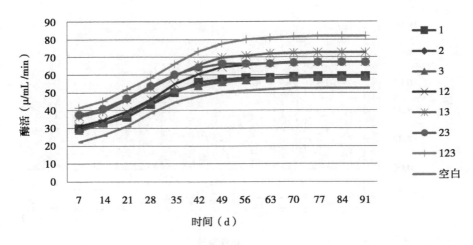

图 3-8　摇瓶产酶实验

的营养物质。反之，单菌相对于混合酶活普遍较低。酶活从大到小顺序依次为：123>13>23>12>1>2>3>空白。

④滤纸酶活（FPA）试验结果。将受试菌株加入混合了牛粪、秸秆、水的模拟发酵培养基中，试验方法为：取 3 支洗净烘干试管，编号后各加入 0.5mL 酶液和 1.5mL 0.05 mol/L，pH 值为 4.5 的柠檬酸缓冲液，向 1 号试管中加入 1.5mL DNS 溶液以钝化酶活性，作为空白对照，比色时调零用。将 3 支试管同时在 50℃水浴中预热 5~10min，再各加入滤纸条 50mg（新华定量滤纸，约 1cm×1 cm），50℃水浴中保温 1h。取出后立即向 2、3 号试管中各加入 1.5mL DNS 溶液以终止酶反应，充分摇匀后沸水浴 5~10min，取出冷却后用蒸馏水定容至 25mL，充分混匀。以 1 号试管溶液为空白对照调零点，在 540nm 波长下测定 2、3 号试管液的光密度值并记录结果。每个试验 3 个平行，在标准曲线上查出对应的葡萄糖含量，计算得出滤纸酶活力。

由图 3-9 可以看出，在整个发酵过程中，模拟瓶中滤纸酶活一直上升，其中混合菌株 123 表现出较好的协同关系，同比其他混合或单菌株滤纸酶活最高。在试验 70d 左右达到最大值，比摇瓶产酶试验达到最高值要晚 7d 左右，酶活也比摇瓶产酶试验普遍高，分析可能由于模拟发酵底物中含有其他纤维素降解微生物或产氢产乙酸微生物等，表现出更好的协作关系。

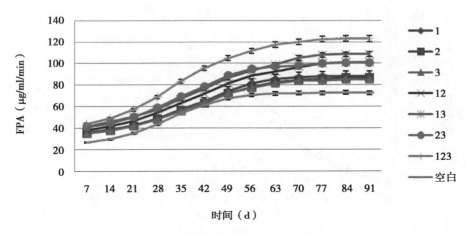

图 3-9　滤纸酶活（FPA）结果

（4）模拟发酵总产气量变化趋势。

试验采用集气排水法，对编号为 1、123、空白的模拟瓶进行周产气量和总产气量测定，试验记录结果见图 3-10、图 3-11。

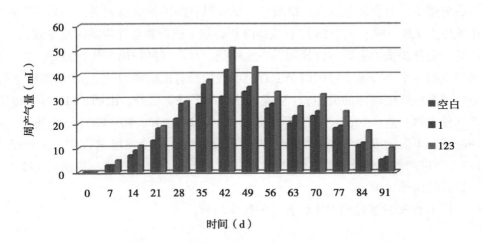

图 3-10　周产气量变化趋势

由图 3-10 得出，在整个发酵过程中，对于 3 个模拟瓶，周产气量都是先增

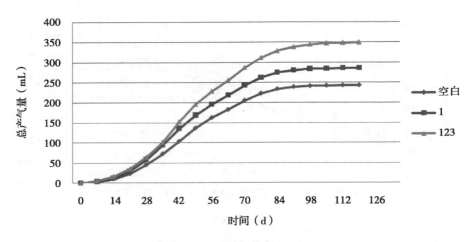

图 3-11　总产气量变化趋势

加后减少，49d 为空白试验产气量最大的时间，产气量为 33mL，1 和 123 试验最大产气时间为 42d 左右，较空白提前一周时间。其中试验 1 最大产气量为 42mL，试验 123 最大产气量为 51mL，但在 70d 左右的时候又出现一个小峰值，继而产气逐渐减少。分析其原因为：摇瓶产酶试验以及酶活试验也表明，试验组酶活大小顺序为 123>1>空白，123 更有效地降解底物中的纤维素，降解速度也较快，为后期微生物提供了更好的营养物质，故峰值、总产气量和周产气量最好。对于后期产生的一个小峰值，可能由于随着产甲烷菌对有机酸的消耗，pH 值逐渐上升，适应了某些产甲烷菌的最佳 pH 环境，导致产甲烷量回升。由图 3-11 可以得出，产气量也是一直增加的，总体可分为 0~20d，20~90d，90~120d 三个阶段。第一阶段和第三阶段产气相对缓慢，中间阶段最快，整个发酵过程中，实验组 1、123、空白产气总量分别为 244mL、286mL、351mL。综上所述，实验组 123 表现了较好的协作关系。

（5）模拟发酵过程中甲烷含量的变化趋势。

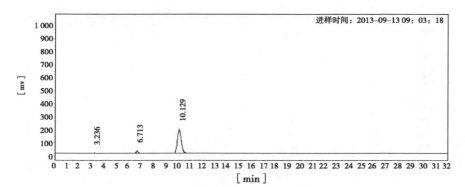

分析结果表

峰序	组分名	保留时间 ［min］	峰高 ［uV］	峰面积 ［uV*s］	面积%	含量 ［%］	峰型
1		3.236	1 515	51 647	1.2149	1.21491	BB
2		6.713	13 754	217 148	5.1080	5.10803	BB
3		10.129	180 743	3 982 313	93.6771	93.6771	BB
	总计：		196 012	4 251 108	100.0000	100	

图 3-12　空白试验甲烷含量（7d）

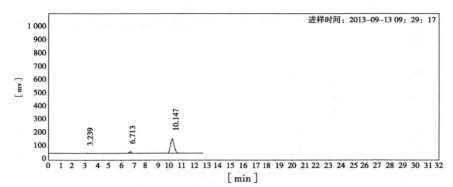

分析结果表

峰序	组分名	保留时间 ［min］	峰高 ［uV］	峰面积 ［uV*s］	面积%	含量 ［%］	峰型
1		3.239	1 608	54 660	2.0576	2.0576	BB
2		6.713	11 187	178 804	6.7309	6.73085	BB
3		10.147	110 612	2 423 026	91.2115	91.2115	BB
	总计：		123 407	2 656 491	100.0000	100	

图 3-13　1 试验甲烷含量（7d）

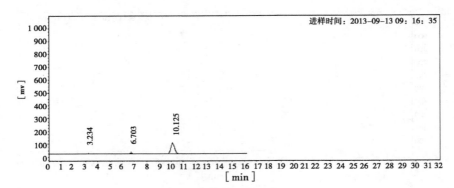

分析结果表

峰序	组分名	保留时间 [min]	峰高 [uV]	峰面积 [uV*s]	面积%	含量 [%]	峰型
1		3.234	1 651	57 264	2.7735	2.77351	BB
2		6.703	7 040	112 779	5.4623	5.46229	BB
3		10.125	82 233	1 894 635	91.7642	91.7642	BB
	总计：		90 924	2 064 678	100.0000	100	

图 3-14　123 试验甲烷含量（7d）

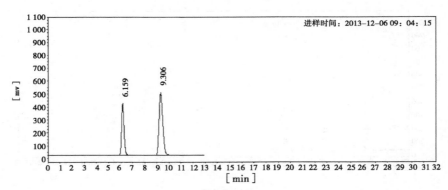

分析结果表

峰序	组分名	保留时间 [min]	峰高 [uV]	峰面积 [uV*s]	面积%	含量 [%]	峰型
1		6.159	395 127	5 816 831	36.2804	36.2804	BV
2		9.306	479 335	10 216 162	63.7196	63.7196	VB
	总计：		874 462	16 032 992	100.0000	100	

图 3-15　空白试验甲烷含量（91d）

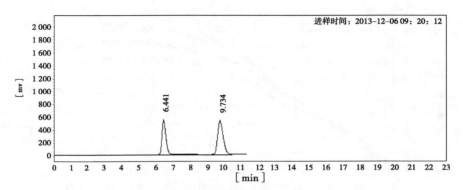

分析结果表

峰序	组分名	保留时间 ［min］	峰高 ［uV］	峰面积 ［uV*s］	面积%	含量 ［%］	峰型
1		6.441	526 734	8 507 176	41.6457	41.6468	BB
2		9.734	521 933	11 919 807	58.3532	58.3532	BB
	总计：		1 048 667	20 426 983	100.0000	100	

图 3-16 1 试验甲烷含量 （91d）

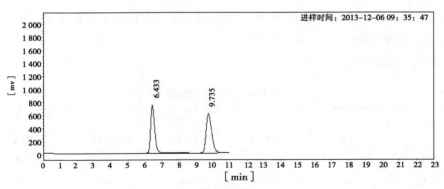

分析结果表

峰序	组分名	保留时间 ［min］	峰高 ［uV］	峰面积 ［uV*s］	面积%	含量 ［%］	峰型
1		6.433	730 449	11 937 598	46.7913	46.7913	BB
2		9.735	591 402	13 574 856	53.2087	53.2087	BB
	总计：		1 321 851	25 512 454	100.0000	100	

图 3-17 123 试验甲烷含量 （91d）

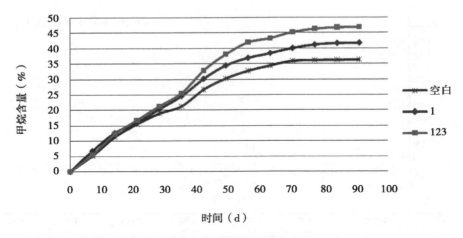

图 3-18　甲烷含量变化趋势

由图 3-18 中得出，整个发酵过程中，甲烷的含量一直处于上升阶段，实验组空白、1、123 甲烷含量最高分别为 36.28%、41.65%、46.79%。可见混合菌群 123 表现出了较好的协同作用，实验组 1 较实验组空白提高了 14.80%，实验组 123 较实验组空白提高了 28.97%，实验组 123 较实验组 1 提高了 12.34%。

（6）发酵过程中 VFA 含量的变化。

①标准曲线的绘制。

表 3-6　标准曲线数据

名称	峰面积				
	CK	标样/25	标样/50	标样/100	标样/250
甲酸	0	39 330	20 890	11 941	5 767
乙酸	0	90 824	46 691	26 937	13 677
丙酸	0	53 519	23 692	12 003	4 046
丁酸	0	27 786	12 308	6 266	2 043
戊酸	0	120 486	52 733	32 837	8 740
异戊酸	0	122 003	54 071	26 813	8 656
乳酸	0	104 869	49 679	23 178	8 676

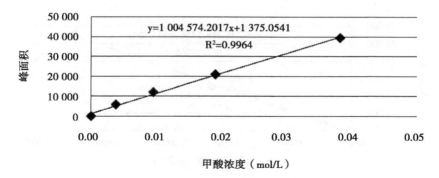

图 3-19　甲酸标准曲线

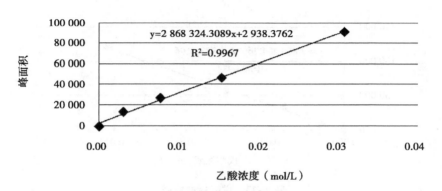

图 3-20　乙酸标准曲线

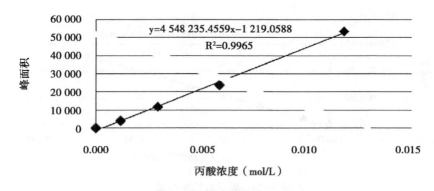

图 3-21　丙酸标准曲线

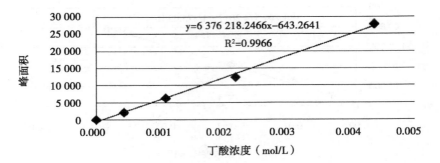

图 3-22　丁酸标准曲线

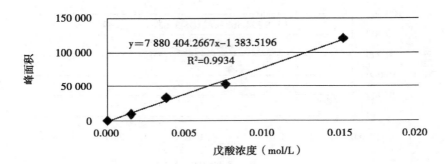

图 3-23　戊酸标准曲线

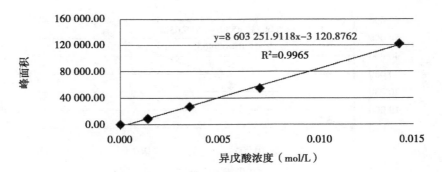

图 3-24　异戊酸标准曲线

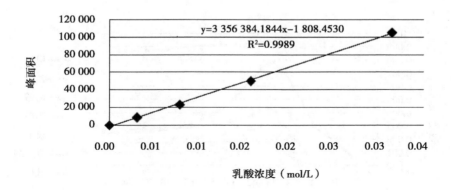

$y=3\,356\,384.1844x-1\,808.4530$

$R^2=0.9989$

图 3-25　乳酸标准曲线

②VFA 组分浓度结果。

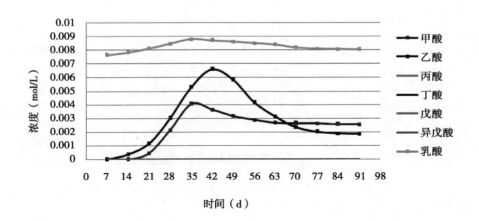

图 3-26　VFA 组分变化趋势（空白试验）

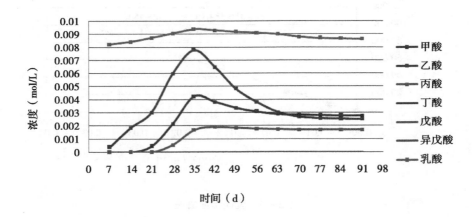

图 3-27　VFA 组分变化趋势（1 试验）

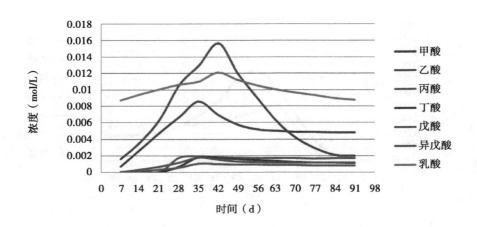

图 3-28　VFA 组分变化趋势（123 试验）

　　由图 3-26、图 3-27、图 3-28 得出：各类酸的总体趋势为先上升后下降，试验组空白和试验组 1 中没有丁酸、戊酸和异戊酸，试验组空白丙酸也没有。单个酸来说，甲酸每个试验组都有，且试验组 123 最高；乙酸每个组都有，也是试验组 123 最高，且空白试验组乙酸出现的时间为 14d 左右；丙酸就试验组 1 和

123 中含有，且试验组 1 出现的时间较晚；丁酸就试验组 123 中含有，出现时间为 28d 左右；戊酸就试验组 123 中含有，出现时间为 14d 左右；异戊酸就试验组 123 中含有，出现的时间为 14d 左右；乳酸每个试验组都有，且每个试验组含量差距不是很大。总体来看，试验组空白和 1 中纤维素酶活力没有试验组 123 高，且酶的数量也相对较少，不能很好地进行协同作用，导致底物中的酸的数量以及含量相对较低，乳酸含量相对比较稳定，原因可能由于模拟发酵中加入的牛粪中含有一定量的乳酸，且利用乳酸菌株较少或乳酸本身利用量较少，导致乳酸开始浓度就较高，发酵的末期乳酸含量变化也不是很大。比较 3 个图，试验组 1 中没有丁酸、戊酸、异戊酸，丁酸、戊酸、异戊酸可能是菌株 XB-7 或 XB-15 代谢产生的。对于每个试验组的最高含量，试验组 123 较试验组空白、1 甲酸含量分别提高 97.80%、109.89%。乙酸含量分别提高 137.31%、100.75%。试验组 123 较试验组 1 丙酸含量提高 0.094%，相差不多。

（7）生理生化试验结果。

①明胶液化试验。试验菌株 XB-15 为明胶液化阳性，XB-1 和 XB-7 为阴性。

图 3-29　明胶液化试验

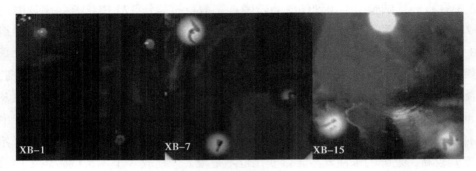

图 3-30　淀粉水解试验

　　②淀粉水解试验。试验菌株 XB-15 和 XB-7 为淀粉水解阳性，XB-1 为阴性。

　　③过氧化氢酶试验。试验菌株 XB-1、XB-7、XB-15 均无气泡出现，说明试验菌株没有接触酶活性，3 株菌都为过氧化氢酶阴性。

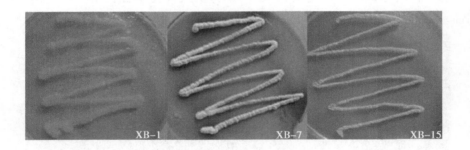

图 3-31　油脂水解试验

　　④油脂水解试验。试验菌株 XB-1、XB-7 和 XB-15 均为油脂水解阴性。

表 3-7　生理生化试验结果

试验	菌株		
	XB-1	XB-7	XB-15
明胶液化	−	−	+
淀粉水解	−	+	+

（续表）

试验	菌株		
	XB-1	XB-7	XB-15
过氧化氢分解	-	-	-
油脂水解	-	-	-

（8）协作关系试验结果与分析。从整个发酵过程中的 pH 值变化、摇瓶产酶试验、相对酶活试验、滤纸酶活试验、产气量、产甲烷量以及底物中 VFA 的含量结果分析来看，3 株菌中，试验组 123 相较试验组空白和 1 都表现出较好的酶活、产气量以及产甲烷量。纤维素的降解主要依靠沼液中的纤维素降解菌。单一的纤维素降解微生物所产生的纤维素酶具有一定的局限性。沼液中纤维素的结构具有多样性的特点，由纤维素、半纤维素、木质纤维素构成，仅靠单一的纤维素降解微生物是无法进行有效降解的，需要多种纤维素降解微生物协同作用才能进行有效降解。多种纤维素降解微生物打破了这种产纤维素酶的局限性，所以实验组 123 更好地表现出这种协作关系。

第三节　讨论与结论

一、讨论

（1）菌群的筛选。从北方冬季霍林河、根河、沼液、堆沤牛粪等环境中采取样品进行驯化、富集以及筛选、分离、纯化，试验中分离得到的 16 株纤维素菌株，多数菌株酶活并不是很高，酶活较高的菌株只有 3 株，分别为 XB-1、XB-7、XB-15。其中 XB-1 为从霍林河采集的样品中筛选出的，XB-7 是从堆沤牛粪中采集的样品中筛选出的，XB-15 为从户用沼气池中的沼液样品筛选出的。筛选过程中，菌体 XB-1、XB-7、XB-15 生长到 1mm 所需时间分别为 10d、7d、8d。液体纤维素培养基富集过程中，相同时间里菌体的繁殖数量级也有差别，XB-15 为最高，刚果红鉴定培养基，菌体周围透明圈直径 XB-1 最大，而 XB-15 最小，与菌体的生长的大小相除，相对酶活 XB-15，这说明 XB-15 菌体在数量级较小的情况下，也能产生较高的纤维素酶活性。

（2）酶活。对于酶活的研究，本实验研究了摇瓶产酶试验、相对酶活试验和滤纸酶活试验共 3 个试验。其中摇瓶产酶试验是酶活试验和滤纸酶活试验的基础，摇瓶产酶试验初步分析筛选的各个纤维素降解菌的酶活大小，为模拟发酵提供验证上的基础数据。摇瓶产酶试验中，共分为 8 个实验组，培养时间为 91d，从初期到末期各个组表现有一定的差别，以 123 实验组为最好，91d 酶活可达到 81.93μg/mL/min，试验数据与后期模拟发酵中的产气量和产甲烷量也吻合。相对酶活为一定时间内透明圈直径大小与菌体直径的比值，定性分析酶活的大小以及单位菌体、单位时间内产纤维素酶的速度。本试验着重研究单株菌的特性，没有研究其协作关系的相对酶活。滤纸酶活试验为模拟发酵试验中的一个测定指标，间接反映整个发酵过程中纤维素降解微生物的动态情况，滤纸酶活较高，表明菌体活性较高，纤维素降解速度较快，其产气量以及 VFA 生成也会相应加快。试验中滤纸酶活比摇瓶产酶酶活要高，可能原因为滤纸酶活试验底物为牛粪、秸秆、水的混合物，摇瓶产酶试验底物为纤维素液体培养基（121°，30min 灭菌），培养基中没有其他的纤维素降解菌，而滤纸酶活试验除了含有摇瓶产酶试验中的菌株，还含有牛粪中的其他纤维素降解微生物，与加入的纤维素降解微生物混合培养，能表现出有一定的协作关系，故酶活较摇瓶产酶试验要高。综上所述，无论是摇瓶产酶试验还是滤纸酶活试验，都能够得出，混合菌株比单株菌酶活高，多菌株表现出良好的协作关系，对低温沼气发酵中甲烷的产生有较明显的影响。

（3）模拟发酵。模拟发酵中，试验器材为 250mL 厌氧瓶，接种的底物为牛粪、秸秆。其中接种量为 30%，秸秆 1.2g，C/N 为 20/1，加水共 150mL，密封，用医用注射器进行接种，接种量不一样，但数量级一样。模拟实验 8 瓶，其中含有一空白试验。

从产气的数据上分析，空白、1、123 周产气量分别在第 49 天、42 天和 42 天最高，较空白试验峰值提前出现。42d 时斜率最高，说明周产气增量最大。三个实验最佳的产气量时间在 21~63d。从产气速度上来看，42d 时，123 试验组为 7.29mL/d，1 试验组为 6.00mL/d。空白试验组为 4.43mL/d。1 试验组较空白试验组产气速度提升 1.35 倍，试验组 123 较 1、空白产气速度分别提升 1.21 倍和 1.65 倍。从 119d 总产气量上分析，空白、1、123、总产气量分别为 244mL、286mL、351mL，产气总量试验组 1 是空白的 1.17 倍，试验组 123 分别是试验组

1 和空白的 1.23 倍和 1.44 倍。

从甲烷含量数据上分析，甲烷含量变化最快也是在 42d 左右，试验组空白、1、123 增量分别为 $\triangle_{空白}=5.48$、$\triangle_1=5.56$、$\triangle_{123}=7.27$。达到相同甲烷含量的时间，当甲烷含量定为 21.25% 时，空白需要时间为 35d、1 需要时间为 31d、123 需要时间为 28d，试验组 123 比空白以及 1 分别提前 7d 和 3d，与产气量数据有很好的相关性。

从底物中 VFA 含量数据上来看，试验组 123 酸类物质种类以及数量都普遍较高，说明菌株酶的种类和数量较多，能更好地完成纤维素的降解，协同作用较为明显。

（4）协作关系。协作关系体现在纤维素降解菌上，本质为其所分泌的纤维素酶之间的环境空间效应。从以上试验数据得出，3 株菌的混合使得酶活普遍较高，两株菌的混合酶活次之，单株菌的酶活最低。但从两株菌混合上来看，试验共分为 12、23、13 3 个组，各试验组酶活不尽相同，说明菌株之间分泌的酶种类、数量是不同的，可能更重要的是，分泌的酶之间能把底物进行转化，去除彼此产物的抑制和空间的阻碍效应。不同试验组酶活不同，体现了不同的协作关系，所以对低温沼气发酵过程中菌群的研究是一个不容忽视的重要问题。

二、结论

利用纤维素降解微生物来降解沼气池中纤维素，无非是一个底物降解的有效途径，本实验对于低温沼气所筛选的 3 株酶活较高的降解纤维素酶微生物所做的研究，现得出以下结论。

（1）产气量。沼气发酵过程中维生素降解微生物能够降解纤维素底物产生沼气。模拟发酵过程中加入纤维素降解微生物单株菌、混合菌群可以提高底物中的纤维素利用率，从而提高产气量。加入单株菌产气速度可以提高 1.35 倍，加入混合菌群可以提高 1.65 倍。加入单株菌总产气量可以提高 1.17 倍，加入混合菌群可以提高 1.44 倍，而且加入单株菌和混合菌群产气量峰值都会提前。

（2）甲烷含量。沼气发酵过程中，产甲烷菌主要依靠沼气池中的有机酸、H_2、CO_2 为基质生成 CH_4，而有机酸、H_2、CO_2 来源于第二类菌体产氢产乙酸菌体，产氢产乙酸菌体，其所需的营养物质主要靠纤维素降解微生物对底物的降解产生，所以产甲烷量与纤维素降解微生物有直接联系。增加模拟发酵瓶中纤维素降解微生物可有效地提高甲烷含量，加入单株菌可提高 14.80% 的甲烷含量，加入混合菌群可以提高 28.97% 的甲烷含量。而且加入单株菌和混合菌群甲烷含量峰值都会提前。

（3）VFA 变化情况。沼气发酵过程中 VFA 主要是第二类菌体（产氢产乙酸菌）利用沼气池中底物产生的，而这种菌体需要的底物主要依靠纤维素降解微生物产生。VFA 的数量变化可间接地反映出纤维素降解微生物的作用，纤维素降解微生物单株菌的加入可提高 26.97% 的 VFA 总量，混合菌群的加入可提高 153.44% 的 VFA 总量。

（4）协同作用。微生物降解微生物普遍存在于沼气发酵过程中，无论在滤纸酶活、相对酶活还是在产气量、产甲烷量、VFA 变化上，混合菌群无不表现出良好的协同作用，其数据明显高于空白、单株菌、双株菌。

综上所述，低温沼气发酵过程中，纤维素降解微生物能够有效地提高沼气池产气量和甲烷含量。尤其在我国北方地区，对于纤维素降解菌体的研究显得至关重要。研究结果对提高北方户用沼气池冬季产气量提供了理论依据和解决思路。

第四章　低温产酸菌

第一节　材料与方法

一、材料

1. 实验材料

样品来自内蒙古自治区东北部霍林河的某户用沼气池，放于4℃保存。

2. 主要药品

实验过程中用到的主要药品如表4-1所示。

表4-1　试验所需药品

名称	纯度	名称	纯度
葡萄糖	分析纯（AR）	K_2HPO_4	分析纯（AR）
D-木糖	分析纯（AR）	$(NH_4)_2SO_4$	分析纯（AR）
D-半乳糖	分析纯（AR）	$MgSO_4 \cdot 7H_2O$	分析纯（AR）
乳糖	分析纯（AR）	$FeCl_3$	分析纯（AR）
麦芽糖	分析纯（AR）	$MgCl_2$	分析纯（AR）
蔗糖	分析纯（AR）	$CaCl_2$	分析纯（AR）
甘露醇	分析纯（AR）	NaCl	分析纯（AR）
蛋白胨	分析纯（AR）	KCl	分析纯（AR）
牛肉膏	分析纯（AR）	$(NH_4)_2HPO_4$	分析纯（AR）
酵母膏	分析纯（AR）	NaOH	分析纯（AR）
可溶性淀粉	生化试剂（B. R.）	HCl	分析纯（AR）

（续表）

名称	纯度	名称	纯度
明胶	生化试剂（B.R.）	邻苯二甲酸氢钾	分析纯（AR）
琼脂	生化试剂（B.R.）	无水乙醇	分析纯（AR）
L-半胱氨酸	生化试剂（B.R.）	丙酮	分析纯（AR）
酚酞	指示剂	四甲基氢氧化铵	分析纯（AR）
溴甲酚紫	指示剂	N，N-二甲基乙酰胺	分析纯（AR）
甲基红	指示剂	甲酸	优级纯（GR）
碘液	指示剂	乙酸	优级纯（GR）
蕃红	指示剂	丙酸	优级纯（GR）
草酸铵结晶紫	指示剂	丁酸	优级纯（GR）
异戊酸	优级纯（GR）	戊酸	优级纯（GR）
乳酸	优级纯（GR）		

3. 主要仪器设备

本研究中实验涉及的主要仪器和设备如表4-2所示。

表4-2 实验相关仪器与设备

序号	名称	型号	厂家
1	气相色谱仪	450-GC	Varian
2	高压蒸汽灭菌锅	MLS-3750	三洋电机国际贸易有限公司科研医疗设备中心
3	台式高速离心机	TG16-WS	长沙维尔康湘离心机有限公司
4	酸度计	PHS-3C	上海佑科仪器仪表有限公司
5	恒温水浴锅	DZKW-C	北京利康达圣科技发展有限公司
6	电子显微镜	DM500	Leica
7	生化培养箱	BPC-150F	上海一恒科技仪器有限公司
8	电泳仪	DYY-5	北京六一仪器厂
9	PCR仪	2720 thermal cycler	Applied Biosystems
10	电热培养箱恒温	DHP-9052	北京利康达圣科技发展有限公司
11	标准净化工作台	SW-CJ-2F	吴江市伟峰净化设备有限公司
12	恒温振荡器	HZQ-X300C	上海一恒科技仪器有限公司
13	万用电炉	DB-I	北京市永光明医疗仪器厂
14	电子分析天平	FA1004B	上海佑科仪器仪表有限公司
15	Haier家用电冰箱	BCD-539WH	青岛海尔股份有限公司
16	星星冰柜	BD/BC-200FH	浙江太康生物科技有限公司

4. 培养基

（1）富集培养基。发酵型产酸细菌培养基：葡萄糖 8g、蛋白胨 1.5g、K_2 HPO$_4$ 0.4g、（NH$_4$）$_2$SO$_4$ 0.5g、MgSO$_4$·7H$_2$O 0.05g、FeCl$_3$ 0.01g、MgCl$_2$ 0.1g、CaCl$_2$ 0.1g、酵母膏 1.5g、NaCl 3g、L-半胱氨酸 0.5g。

（2）分离纯化培养基。将初筛培养基内加入 1.5%～2.0%（W/V）的琼脂。

（3）生理生化鉴定培养基。在固体培养基的基础上加入 0.1% 的甲基红指示剂。

（4）淀粉水解培养基。蛋白胨 10g、牛肉膏 5g、NaCl 5g、可溶性淀粉 2g、蒸馏水 1L、琼脂 18～20g、pH 值为 7.4～7.6。

（5）明胶水解培养基。蛋白胨 5g、明胶 120g、蒸馏水 1L、pH 值为 7.2～7.4。

（6）糖发酵实验培养基。（NH$_4$）$_2$HPO$_4$ 1g，MgSO$_4$·7H$_2$O 0.2g，KCl 0.2g，酵母膏 0.2g，糖（包括葡萄糖、D-木糖、D-半乳糖、乳糖、麦芽糖、蔗糖和甘露醇等）10g，琼脂 18～20g，0.04% 溴甲酚紫酒精溶液 20mL，pH 值为 7.0～7.2。培养基使用前均需要灭菌，灭菌条件 121℃，20min。

二、方法

1. 发酵产酸菌的分离纯化

吸取经过低温驯化的沼液 1mL 接种于产酸菌液体培养基中，4℃ 下富集培养 2～3 周备用。将培养液用 0.9%NaCl 溶液以 10 倍稀释法稀释到 10^{-5}、10^{-6}、10^{-7}，分别取 100μL 稀释液于产酸菌固体培养基平板上涂布均匀，用封口膜封口后，放入 4℃ 的低温培养箱内倒置培养 7～10d，观察记录。

挑取平板上菌落形态、颜色不同的单一菌落，在产酸菌固体培养基上反复划线分离 3 次以上。挑取单菌落于显微镜下镜检确认是否已纯化，将纯化好的单菌落转接到试管斜面培养基上，低温保存备用。

2. 发酵产酸菌的初步筛选

对上述分离纯化的菌进行初步筛选，分别接种于产酸菌固体培养基于 4℃ 下培养 10d。每个平板上滴两滴甲基红试剂，观察颜色变化。颜色由黄色变为红色的平板，说明该菌株产酸；不变色说明该菌株不产酸或在低温下产酸能力弱。选取产酸能力强的菌株进行进一步的研究。将有颜色变化的菌株再次纯化，低温保存，供后续研究。

3. 形态学鉴定

形态观察：将分离纯化的菌株接种到产酸菌固体培养基上，4℃下培养 10d，观察，描述其形态并进行镜检观察。

革兰氏染色：用细菌的革兰氏染色法将待检菌株染色后，在显微镜下观察其颜色，判断菌株为革兰氏阳性或阴性。紫色为革兰氏阳性菌，红色为革兰氏阴性菌。

4. 菌株生长最适 pH 值测定

将配制好的固体发酵产酸培养基，用 HCl 或 NaOH 溶液调节 pH 值为 5、5.5、6、6.5、7、7.5、8、9 后进行试验，然后将稀释至 10^{-6} 的菌液涂布于不同 pH 值的培养基上，在 4℃ 培养，观察其菌落生长情况，待长出菌落后，记录其菌落个数，进而确定其生长最适 pH 值。

5. 菌株最适生长温度的测定

将菌株接种于配制好的发酵产酸菌液体培养基上，分别放于 0℃、4℃、10℃、15℃、20℃、25℃、30℃、35℃下培养 2d 后，用气相色谱仪测定其菌液中 VFA 的含量，进而确定其最适生长温度。

6. 菌株生理生化鉴定

（1）过氧化氢酶的测定。在发酵产酸菌固体培养基中，直接接种待测菌株，在 4℃ 条件下，培养 10d。长出菌落后在培养基上直接加入 4% 的 H_2O_2，观察产气泡的情况。若有气泡产生则为接触酶阳性，反之则为阴性。

（2）糖发酵实验。在配好的糖发酵培养基上直接接入待测菌种，在 4℃ 条件下，分别培养 10d 后，观察。若培养基颜色不发生变化，仍为紫色，说明糖发酵没有产酸；若培养基颜色变黄，说明糖类发酵产酸。变色为阳性，不变色为阴性。

（3）淀粉水解实验。用接种环将培养好的菌液点接在制备好的淀粉水解培养基上，将平板放于 4℃ 培养箱中培养 10d。然后将碘液滴于培养基上，观察菌落周围透明圈情况，若出现透明圈则为阳性，没有透明圈则为阴性。

（4）明胶液化实验。按培养基配方配制好明胶液化培养基，分装到试管中，灭菌，放于4℃冰箱内冷却直至凝固。用穿刺接种法接入待测菌株，在4℃条件下培养14d。观察明胶液化情况，如果仍处于固体状态没有液化则为阴性，反之则为阳性。

7. 发酵产酸菌产酸特性初步研究

（1）溶液的配制。

表4-3 VFA测定中所用的溶液及浓度

名称	标定浓度（mol/L）	名称	标定浓度（mol/L）
NaoH 溶液	0.1062	戊酸	0.3802
甲酸	0.9558	异戊酸	0.3568
乙酸	0.7700	乳酸	0.7869
丙酸	0.2952	HCl 溶液	0.1007
丁酸	0.1094	四甲基氢氧化铵溶液	0.3434

（2）标准曲线的制备。

①稀释。

将标准溶液分别稀释至10倍、25倍、50倍、100倍和250倍。10倍稀释方法如下：分别取1mL标定好的标准使用液（甲酸、乙酸、丙酸、丁酸、戊酸、异戊酸、乳酸），加入到10mL的容量瓶中，用蒸馏水定容，摇匀，备用。

②样品前处理。

a. 用移液枪取试液1mL放于表面皿上，加0.5mL的丙酮，用四甲基氢氧化铵滴定至pH值为碱性（8~9），记录滴定体积。

b. 将表面皿置于80℃水浴上蒸干，加几滴N，N-二甲基乙酰胺试剂，用枪头冲洗表面皿上的沉淀，移入10mL试管中，最后用N，N-二甲基乙酰胺定容至2mL，加盖。

c. 利用滴定用四甲基氢氧化铵体积和浓度，计算出所用碘甲烷的量，计算公式如下：

$$V = \frac{141.97 \times C_{四} \times V_{四}}{2.3} \times 2 \times 1.1$$

其中，V为碘甲烷的用量，单位μL

$C_四$为四甲基氢氧化铵浓度，单位 mol/L

$V_四$为四甲基氢氧化铵体积，单位 mL

d. 在试管中分别加入所需碘甲烷的量，摇匀，静置 30min 以上，直到液体澄清，上机测试。

（3）液态发酵过程中的 VFA 组成。将培养好的菌液经前处理后上机测试。

①色谱条件。使用 Varian 450-GC 气相色谱仪进行测定，色谱条件如表 4-4。

表 4-4　VFA 测定的气相色谱条件

进样器	气化室	气体	色谱柱	检测器
自动分流进样 进样量：1μL	温度：240℃ 分流条件：1：10	载气：N_2 1mL/min 　　　　He 补偿气：29mL/min 氢气：　30mL/min 空气：　300mL/min	色谱柱：52CB 温度程序： 起始：50℃ 保持时间：2min 升温速率：24℃/min 一阶温度：230℃ 保持时间：9min	检测器：FID 温度：260℃ Range：12 S/N Ratio：5 Measurement Type： 峰面积

②定性分析。通过保留时间与标样比较来定性。

③定量分析。通过制作各标样的标准曲线，用峰面积外标法对样品中挥发性脂肪酸进行定量分析。

（4）固态发酵过程中的 VFA 组成。将固体平板上的菌体连同培养基一起刮下来，放入 50mL 的离心管中，加蒸馏水定容到 40mL，浸泡 24h，离心，取上清液。取 1mL 上清液经前处理后上机测试。

8. 菌种分子鉴定及系统发育分析

分别提取初筛得到的 3 株菌的 DNA，并进行 PCR 扩增。将扩增后的序列由测序公司进行测序。

（1）基因组 DNA 提取。DNA 提取用上海生工的 Ezμp 柱式细菌基因组 DNA 抽提试剂盒抽提。

①样品处理。

a. 革兰氏阴性细菌：取 1mL 培养好的菌液，加入 1.5mL 离心管中，室温 8 000r/min 离心 1min，弃上清液，收集菌体。加入 180μL 消化缓冲液，再加入 20μL 蛋白酶 K 溶液，震荡混匀。56℃水浴 1h 至细胞完全裂解。

b. 革兰氏阳性细菌：离心收集菌体，同上。加入 180μL 溶菌酶溶液重悬菌液，37℃水浴 30～60min。再加入 20μL 蛋白酶 K 溶液，震荡混匀。56℃水浴 30min 至细胞完全裂解。

②加入 200μL BD 缓冲液，充分颠倒摇匀。如有沉淀，需 70℃水浴 10min。

③加入 200μL 无水乙醇，摇匀。

④将吸附柱放入收集管中，用移液器将溶液全部加入吸附柱中，静置 2min，12 000r/min 室温离心 1min，倒掉废液。

⑤将吸附柱放回收集管，加入 500μL PW 溶液（使用前按 3∶2 加入相应的异丙醇），1 000r/min 离心 30s 倒掉滤液。

⑥将吸附柱放回收集管，加入 500μL 洗脱溶液（使用前按 1∶3 加入相应的无水乙醇），1 000r/min 离心 30s 倒掉滤液。

⑦将吸附柱重新放回收集管，于 12 000r/min 室温离心 2min，除去残留的洗脱液。

⑧取出吸附柱，放入一个新的 1.5mL 离心管中，加入 50～100μL CE 缓冲液静置 3min，12 000r/min 室温离心 2min，收集 DNA 溶液，-20℃保存备用。

（2）16S rDNA 基因扩增。使用 Applied Biosystems 2 720 thermal cycler PCR 仪，以细菌鉴定通用引物进行扩增：

7F：5′CAGAGTTTGATCCTGGCT3′

1540R：5′AGGAGGTGATCCAGCCGCA3′

PCR 反应体系（25μL）：

表 4-5 配制表

试剂	体积（μL）
模板（基因组 DNA 20～50ng/μL）	0.5
5×Buffer（with Mg^{2+}）	2.5
dNTP（各 2.5mM）	1
酶	0.2
F（10μM）	0.5
R（10μM）	0.5
加双蒸水至	25

PCR 反应条件：

94℃预变性 4min，94℃变性 45s，55℃退火 45s，72℃延伸 1min，30 个循环；72℃最终修复延伸 1min。

（3）电泳及胶回收纯化。1%琼脂糖电泳，150V、100mA 20min 电泳观察。采用 SanPrep 柱式 DNA 胶回收试剂盒进行胶回收。

（4）测序。纯化回收的 DNA 由生工生物工程（上海）股份有限公司进行测序。

（5）菌株的系统发育分析。将测序结果与 GenBank 核酸数据库中的序列进行 blast 同源性比对，选择与比对序列相似度高的菌株，并采用 MEGA 5.0 软件，用 Neighbor-Joinninng 法进行系统发育树的构建。

9. 模拟发酵总产气量的测定

分别制作 2 个沼气模拟发酵装置（A 和 B），其中 A 加入分离筛选的低温发酵产酸菌混合菌液，作为试验组；B 不添加，作为对照组，其他条件均相同。将 2 个装置同时放入 4℃低温培养箱内，采用排水集气法（图 4-1）测定总产气量，每 7d 记录一次产气量，并记录整个发酵过程的总产气量。

图 4-1　排水集气法

第二节　结果与分析

一、发酵产酸菌的分离筛选

通过对霍林河的沼液样品进行低温驯化、富集，经梯度稀释后在发酵产酸培养基平板上进行菌种分离，初步分离出 16 株菌，经过革兰氏染色、镜检、甲基红试验，最终筛选出 3 株在 4℃条件下菌落形态好、产酸能力强的菌株 FJ-1、FJ-8、FJ-15、FJ-16，培养时间为 10d。

二、形态学鉴定

通过对菌落形态观察、镜检、革兰氏染色等，三株菌的形态学特征如表 4-6。

表 4-6　三株菌的形态学特征

菌号	菌落特征	细胞形态	革兰氏染色
FJ-8	乳黄色，圆形，饱满，边缘整齐，直径 1~1.5mm	短杆菌	G⁻
FJ-15	白色，透明，圆形，边缘整齐，直径 0.2~0.5mm	球菌，单个或两个对生	G⁺
FJ-16	乳白色，圆形，边缘整齐，直径 1.5~2mm	球菌，单个细胞生长	G⁻

图 4-2 和图 4-3 分别为三株菌在固体培养基上和显微镜下的形态。

三、菌株最适 pH 值的测定

菌株在 4℃下培养 10d 后，记录每个 pH 值下菌落的个数，可得 3 株菌的最适 pH 值曲线，如图 4-4 示。

由上图可以看出，培养基初始 pH 值过高或过低都会影响菌株的生长。菌株 FJ-8 和 FJ-15 在 pH 值 7.0 下生长最好，而菌株 FJ-16 在 pH 值 7.5 下生长最好。从图 5 还可以看出，产酸菌受环境 pH 值的影响不大，在 pH 值 5~9 范围内，菌株都有生长，在 pH 值 6~8 范围内生长较好，说明产酸菌耐受 pH 值范围很大。

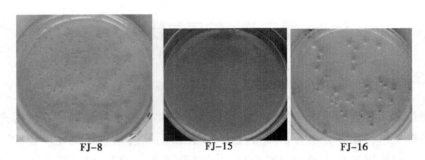

FJ-8   FJ-15   FJ-16

图 4-2　菌株在发酵产酸培养基上的菌落形态

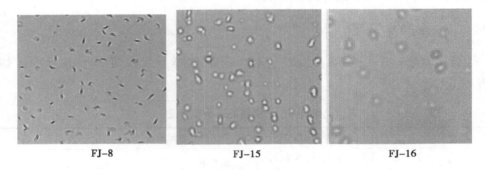

FJ-8   FJ-15   FJ-16

图 4-3　菌株镜检形态

沼气发酵过程适宜的 pH 值范围是 6.5~7.5。这样的 pH 值环境正好适合筛选出的低温沼气发酵产酸菌生长。

四、菌株最适生长温度的测定

菌株在不同温度下培养 2d 产酸的变化如图 4-5。

由上图可知，温度影响菌株的产酸量，随着温度的升高产酸量逐渐增加，当达到菌株的最适生长温度时，产酸量最大，之后随温度的升高产酸量逐步下降。三株菌在 10~25℃时生长较好，在 0℃下培养 2d，菌株基本上不生长。菌株 FJ-8、FJ-16 在 15℃时生长最好，产酸量最大，达 0.044mol/L，而 FJ-15 的最适生长温度是 20℃，最大产酸量达 0.043 mol/L。由图还可以看出，菌株在 35℃时产酸量急剧下降，说明菌株基本不生长。

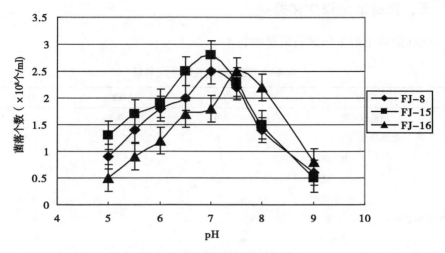

图 4-4　菌株生长最适 pH 值

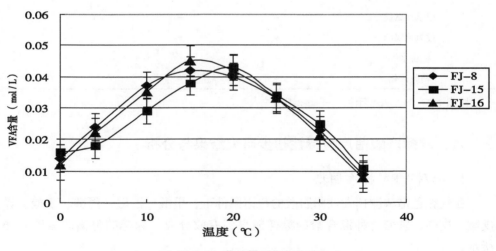

图 4-5　菌株最适生长温度

五、菌株的生理生化鉴定

三株菌的生理生化试验结果如表4-7所示。

表4-7　三株菌的生理生化特征

指标		FJ-8	FJ-15	FJ-16
最适pH值		7.0	7.0	7.5
最适温度（℃）		15	20	15
糖发酵试验	葡萄糖	+	+	+
	D-木糖	+	+	-
	D-半乳糖	+	+	-
	乳糖	+	+	+
	麦芽糖	+	+	-
	蔗糖	+	+	+
	甘露醇	+	+	-
甲基红试验		+	+	-
过氧化氢酶		+	+	+
淀粉水解		+	+	+
明胶液化		+	+	+

注：上表中"+"表示阳性，"-"表示阴性

六、发酵产酸菌产酸特性初步研究结果与分析

1. 七种VFA标准图谱

在气相色谱法测挥发性脂肪酸的色谱条件下，甲酸、乙酸、丙酸、丁酸、异戊酸、戊酸、乳酸七种混合酸的标样能得到有效分离，标样的色谱图见图4-6所示。

根据定性和定量分析，做出七种挥发性脂肪酸的标准曲线如图4-7所示。

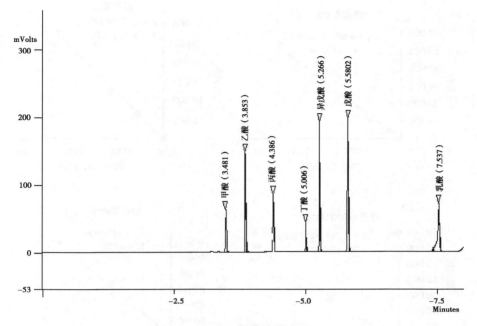

图 4-6　VFA 标样的色谱图

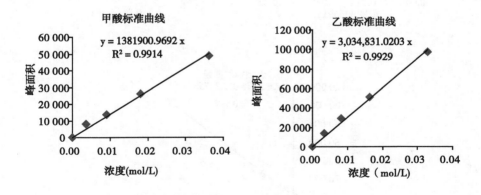

2. 液态发酵过程中的 VFA 组成

在气相色谱仪检测 VFA 的色谱条件下，对分离得到的菌株 FJ-8、FJ-15、FJ-16 液态发酵过程中的 VFA 进行了测定，结果如图 4-9~图 4-10 所示。

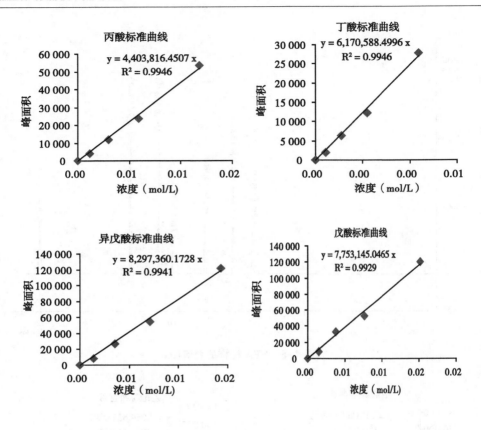

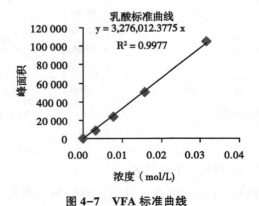

图 4-7 VFA 标准曲线

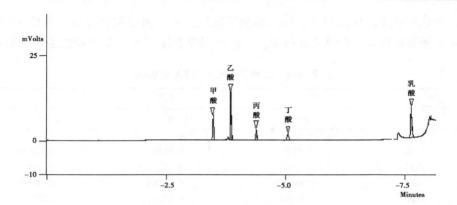

图 4-8　菌株 FJ-8 中 VFA 图谱

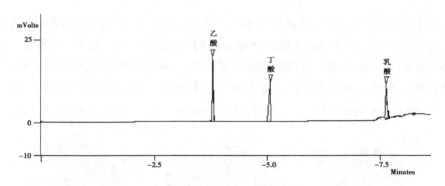

图 4-9　菌株 FJ-15 中 VFA 图谱

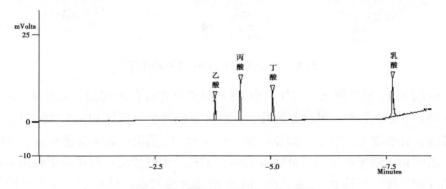

图 4-10　菌株 FJ-16 中 VFA 图谱

由色谱图中的保留时间定性，峰面积定量，菌株液态发酵过程中各种 VFA 的含量可根据标准曲线计算公式得到。三株菌菌液中各种 VFA 的含量如表 4-8 所示。

表 4-8　三株菌菌液中 VFA 的组成

测定值（mol/L）	样品		
	FJ-8	FJ-15	FJ-16
甲酸	0.0125	0	0
乙酸	0.0132	0.0161	0.00646
丙酸	0.00277	0	0.00921
丁酸	0.00150	0.00688	0.00594
乳酸	0.00988	0.0124	0.0131
总 VFAs	0.0399	0.0354	0.00347

由表 4-8 可知，三株菌液体培养时产生的 VFA 主要为乙酸和乳酸，甲酸较少，其次是丙酸。菌株 FJ-8 的产酸能力最强，菌株 FJ-15 次之，菌株 FJ-16 产酸能力最弱。三株菌均没有戊酸和异戊酸产生，可能与菌株是从低温发酵沼液中分离筛选出来的，沼气发酵过程中产甲烷菌利用的 VFA 主要是乙酸和丁酸有关。

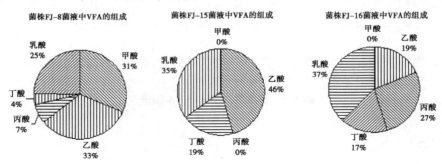

图 4-11　三株菌菌液中 VFA 的组成

由图 4-11 可以看出，三株菌中 VFA 的相对含量各不相同。菌株 FJ-8 菌液中主要是甲酸和乙酸，其次是乳酸，丙酸和丁酸较少。菌株 FJ-15 菌液中乙酸含量最高，乳酸次之，但无甲酸和丙酸。菌株 FJ-16 菌液中乳酸含量最高，丙酸次之，乙酸和丁酸含量相当，分别占 19% 和 17%。沼气发酵过程中产甲烷菌主要利用乙酸和丁酸。菌株 FJ-8 中乙酸和丁酸组成占到 37%；菌株 FJ-15 中乙酸和丁酸达 65%；菌株 FJ-16 中乙酸和丁酸含量最少，只有 36%。说明这三株菌液体发酵的产酸性能符合沼气发酵过程中产酸菌群的作用。

3. 固态发酵过程中的 VFA 组成

在气相色谱仪检测 VFA 的色谱条件下，对分离得到的菌株 FJ-8、FJ-15、FJ-16固态培养时产生的 VFA 进行了测定，结果如图 4-12~图 4-14 所示。

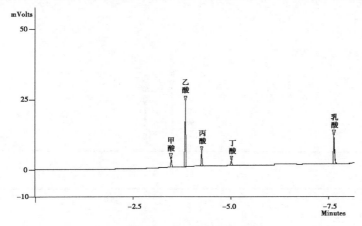

图 4-12 菌株 FJ-8 中 VFA 图谱

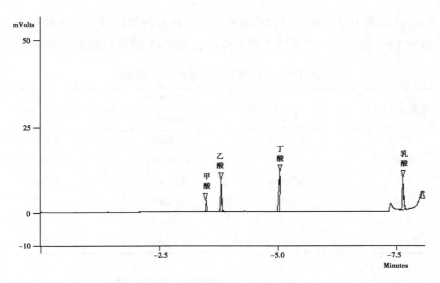

图 4-13 菌株 FJ-15 中 VFA 图谱

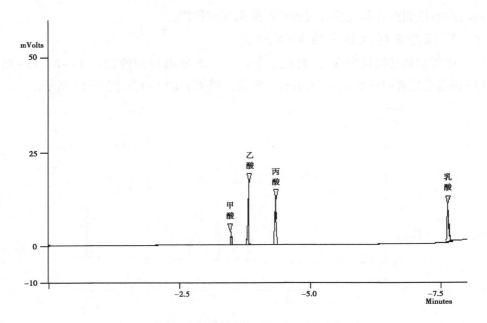

图 4-14   菌株 FJ-16 中 VFA 图谱

根据色谱图中的保留时间和峰面积，可以由标准曲线计算出菌株固态发酵过程中各种 VFA 的含量，三株菌固态发酵中各种 VFA 的含量如表 4-9 所示。

表 4-9   三株菌固态发酵中 VFA 的组成

测定值（mol/L）	样品		
	FJ-8	FJ-15	FJ-16
甲酸	0.00485	0.00558	0.00603
乙酸	0.0110	0.00795	0.00471
丙酸	0.00082	0	0.00031
丁酸	0.00069	0.00604	0
乳酸	0.0103	0.00899	0.0113
总 VFAs	0.0277	0.0286	0.0224

由上表可知，与液体发酵时相比，菌株产酸性能均没有提高。菌株均没有戊酸和异戊酸产生。与液体发酵不同的是，三株菌固态发酵时均有甲酸生成。

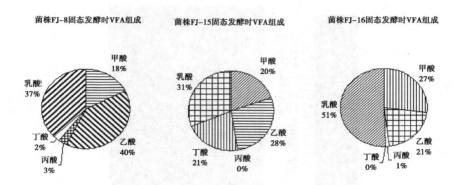

图 4-15　三株菌固态发酵 VFA 的组成

由图 4-15 可以看出，三株菌固态发酵与液态发酵时的 VFA 组成有所差异。菌株 FJ-8 固态发酵时乙酸和乳酸含量增加，分别占 40% 和 37%；甲酸含量减少，占 18%。而菌株 FJ-15 固态发酵时乙酸含量减少，只有 28%。菌株 FJ-16 固态发酵时 VFA 组成变化最大，乙酸和乳酸含量增加，无丁酸产生。总体上说，产酸菌固态发酵时产生的 VFA 主要是乙酸和丁酸，跟液态发酵结果是相符的。

七、菌种的分子鉴定及系统发育分析

1. 基因组 DNA 的提取及 PCR 结果

通过提取菌株的基因组 DNA，并用细菌的通用引物进行 16S rDNA 序列扩增，与 Maker 条带对比得到的 DNA 片段在 1500bp 左右，电泳结果如图 4-16 所示。

2. 测序及系统发育分析

菌株测序结果详见附录。将测序结果与 GeneBank 数据库中进行 BLAST 同源性检索，再用 MEGA5.0 软件分析构建系统发育树（如图 4-17）。菌株 FJ-8 与 *Pseudomonas extremorientalis*（AF405328）的同源性达 98.9%，菌株 FJ-15 与 *Shewanella sp.* 110（JF444772）的同源性达 98%，菌株 FJ-16 与 *Pseudomonas sp. Circle*（AJ417370）序列完全一致，形态学和生理生化特征也与已报道的结果是一致的。因此，可以确定菌株 FJ-8 是 *Pseudomonas*（假单胞菌），菌株 FJ-15 是 *Shewanella*（希瓦氏菌），菌株 FJ-16 是 *Pseudomonas*

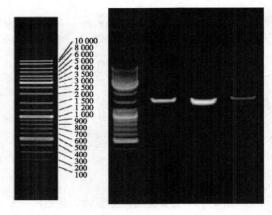

MK　　FJ-8　　FJ-15　　FJ-16

图 4-16　菌株 16S rDNA 序列扩增

（假单胞菌）。

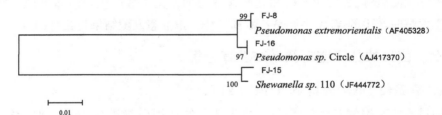

图 4-17　依据 16SrDNA 序列构建的实验菌株的系统发育树

八、模拟发酵产气量的测定

将模拟发酵装置 A（试验组）和 B（对照组）同时放入 4℃低温培养箱内，记录周产气量和总产气量。试验结果见图 4-18、图 4-19。

由图 4-18 可知，在整个模拟发酵过程中，周产气量都是先增加后减少。试验组 A 平均在 35d 达到最大周产气量，产气量为 43mL；而对照组 B 达到最大产气时间大约需要 49d，峰值较试验组推后了两周时间，最大产气量也比试验组少，只有 39mL。这说明试验组 A 加入的 1%低温产酸细菌起到了一定的作用，可

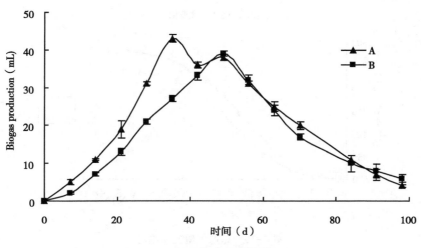

图4-18 周产气量随时间的变化

能是加速了小分子有机酸的形成，为后期细菌代谢提供了充足的营养物质及适宜的 pH 值环境，缩短了沼气发酵的启动期。特别是分离筛选出的产酸细菌所产的 VFAs，乙酸的含量相对较高，有利于在低温条件下沼气的产生。在发酵到第 5 周时，试验组 A 比对照组 B 高出 16mL，提高了 59%，而最大周产气量也比对照组 B 高出 4mL，提高了 10.3%。据此可以认为添加产酸细菌能够提高低温条件下沼气的产量，同时能够提高底物的转化率。

在模拟发酵试验中，本研究还对总产气量进行了统计，由图 4-19 可以看出，模拟发酵的总产气量是一直增加的。沼气发酵前期和后期产气量增加缓慢，中间阶段产气量增加较快。试验组 A 的启动时间比对照组要早，同时产气量明显高于对照组 B，发酵 42d 时，试验组 A 比对照组 B 的产气量多 126mL，随后两者的差距几乎保持不变。这可能是由于在整个发酵过程中没有进行补料，营养物质不足所致，或者由于低温沼气发酵过程中某些限制因子起了作用。但从整体来看，可以说明加入的低温产酸混合菌确实起了一定的作用，缩短了整个发酵过程的启动期，并提前达到最大产气量。

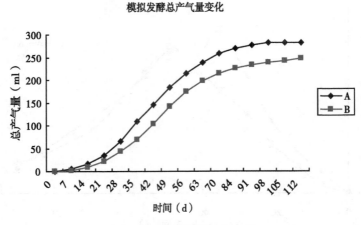

图 4-19　总产气量变化趋势

第三节　讨论与结论

一、低温发酵产酸菌的分离与筛选

　　沼气发酵微生物复杂多样，但在低温下能保持正常代谢的微生物却不是很多。所以筛选低温下高效产酸的菌株也比较困难。试验共从霍林河某户用沼气池中分离筛选出 16 株耐低温、形态不一的菌株，经过革兰氏染色、镜检、甲基红试验等，最终筛选出 3 株在 4℃条件下菌落形态好、遗传稳定且产酸能力强的菌株作为后续试验研究，分别为 FJ-8、FJ-15、FJ-16，培养时间为 10d。

二、低温发酵产酸菌的特性研究

1. 生理生化特性

　　对筛选出 3 株高效产酸菌进行了生理生化实验研究。实验表明，菌株 FJ-8最适生长 pH 值为 7.0，最适生长温度为 15℃，能利用葡萄糖、D-木糖、D-半乳糖、乳糖、麦芽糖、蔗糖以及甘露醇发酵产酸，甲基红试验、过氧化氢酶、淀粉水解、明胶液化试验等均呈阳性。菌株 FJ-15 最适生长 pH 值为 7.0，最适生长温度为 20℃，能利用葡萄糖、D-木糖、D-半乳糖、乳糖、麦芽糖、蔗糖以及甘露醇发酵产酸，甲基红试验、过氧化氢酶、淀粉水解、明胶液化试验等均呈阳性。菌株 FJ-16 最适生长 pH 值为 7.5，最适生长温度为 15℃，能利用葡萄糖、乳糖以及蔗糖发酵产酸，甲基红试验呈阴性，过氧化氢酶、淀粉水解、明胶液化试验等均呈阳性。

2. 发酵产酸特性

不同的菌株产酸能力不同。三株菌液态发酵时产生的 VFA 主要是乙酸、丁酸和乳酸。固态发酵时均有甲酸产生。而且，菌株的产酸特性受温度影响，在菌株最适生长温度下产酸性能最强。液态发酵时，菌株 FJ-8 产生的 VFA 主要是甲酸和乙酸，其次是乳酸，丙酸和丁酸较少。菌株 FJ-15 菌液中乙酸含量最高，占 46%；乳酸次之，但无甲酸和丙酸产生。菌株 FJ-16 菌液中乳酸含量最高，丙酸次之，乙酸和丁酸含量相当，分别占 19% 和 17%。固态发酵时，菌株 FJ-8 产生的乙酸和乳酸增加，分别占 40% 和 37%；甲酸含量减少，占 18%。而菌株 FJ-15 产生的乙酸的量减少，只有 28%。菌株 FJ-16 固态发酵时 VFA 组成变化最大，乙酸和乳酸含量增加，无丁酸产生。不同菌株的产酸量有很大的不同，且挥发性脂肪酸的组成变化也很大，这些变化受多种因素的影响，具体原因还有待于进一步深入研究。

在整个沼气发酵过程中，VFA 不仅是一种不可或缺的营养成分，更重要的意义在于这类有机酸已成为沼气发酵研究中有机物降解工艺条件优劣的重要参数。沼气发酵过程中产甲烷菌能利用的 VFA 以乙酸和丁酸为主，且含量不能过高。VFA 的积累过多，沼气发酵环境的 pH 就会下降，抑制产甲烷菌的生长，进而破坏整个发酵系统，影响产气量。

三、分子生物学鉴定

通过对菌株的 16S rDNA 进行测序，将测序结果与核酸数据库中的基因进行 Blast 同源性比对，并进行系统发育分析。结果表明菌株 FJ-8 和菌株 FJ-16 是 *Pseudomonas*（假单胞菌），菌株 FJ-15 是 *Shewanella*（希瓦氏菌）

四、模拟发酵

沼气发酵是个复杂的微生物发酵过程，不产甲烷菌和产甲烷菌之间既相互依赖，又相互制约。二者相互为对方提供适宜的环境和生长条件，使沼气发酵这个复杂的系统处于平衡状态。通过对从低温户用沼液中分离出的三株产酸细菌发酵产酸性能的研究发现，菌株 FJ-8 在 4℃ 进行液体发酵 10d 可产生总 VFAs 39.9mmol/L，其中乙酸 13.2mmol/L，乳酸 9.88mmol/L，甲酸 12.5mmol/L，还含有少量的丙酸和丁酸；菌株 FJ-15 在 4℃ 进行液体发酵 10d 可产生总 VFAs 35.4mmol/L，其中乙酸 16.1mmol/L，乳酸 12.4mmol/L，丁酸 6.88mmol/L，没有检测出甲酸和丙酸；菌株 FJ-16 在 4℃ 进行液体发酵 10d 可产生总 VFAs 34.7mmol/L，其中乙酸 6.46mmol/L，乳酸 13.1mmol/L，丁酸 5.94mmol/L，丙酸 9.21mmol/L，没有检测出甲酸。

目前发现有 3 种甲烷的生物合成途径，分别为以乙酸为原料，以氢、二氧化碳为原料和以甲基化合物为原料的甲烷生物合成。其中以乙酸为原料是甲烷生物合成的主要途径。因此产酸细菌形成的高乙酸环境将有利于甲烷的形成。习彦花等从废水污泥中分离的产氢产乙酸菌株 ZR-1，在 16℃ 发酵 10d，乙酸的含量达到 1125.6mg/L（18.76mmol/L），其最适温度是 37℃。而本研究中分离的菌株 FJ-8 和 FJ-16 产酸的最适温度是 15℃，菌株 FJ-15 产酸的最适温度是 20℃。它们在 4℃ 条件下发酵 10d 的乙酸含量比习彦花等的产氢产乙酸菌株 ZR-1 在 16℃ 发酵 10d 的稍低，产生的乙酸分别为 13.2mmol/L、16.1mmol/L 和 6.46mmol/L。赵学强等在研究牛粪的沼气发酵中发现，在 37℃ 下发酵 7d，乙酸、丙酸和异丁酸浓度均达到最大，分别为 3.41g/L、1.11g/L 和 0.91g/L，这个结果比本研究中的两株菌的产酸量高出很多。但是，本研究的主要目的是解决北方户用沼气池过冬问题，只探讨了低温条件下，尤其是 4℃ 下菌株的产酸特性。其在中温条件下的产酸特性还有待进一步深入研究。从模拟发酵试验结果看，与对照组相比，处理组产气量提高了 59%，同时原料转化率提高了 10.3%。这还与菌株能够在低温（4℃）条件下产生较高的乙酸有关外，可能与其具有水解淀粉、液化明胶的能力以及过氧化氢酶反应阳性，为严格厌氧的产甲烷菌提供了良好的厌氧环境等有关。可以得出在以乙酸作为底物的产甲烷途径中，菌株 FJ-8 和 FJ-15 是较好的低温沼气产酸细菌。

然而，从模拟发酵的产气量来看，本研究单周的最大产气量只有 43mL，容积产气率为 1.54mL/（L·d）。王渝昆等采用产甲烷菌混合菌剂，发酵温度

20℃，接种量为10%组的容积产气率为0.136mL/（mL·d）；孙维涛等进行16~5℃的降温模拟沼气发酵，在16℃的容积产气率为0.0509mL/（mL·d），而在5℃时容积产气率约为0.001mL/（mL·d）。正如丁维新等综述中所述温度对产甲烷菌的产甲烷能力有很大影响，提高温度可以显著地提高甲烷的产量。在本研究中，4℃条件下的产气量也非常低，可能是在模拟发酵体系中产甲烷菌的产甲烷速度低导致。下一步工作将进一步完善4℃条件下产酸细菌与产甲烷菌在工艺过程中的优化，以期提高在4℃条件下沼气的产量。

五、结论

（1）低温条件下从沼气池中筛选出3株高效产酸的发酵型细菌。FJ-8，FJ-15，FJ-16。

（2）生理生化试验结果表明，三株菌在10~25℃、pH值为6~8范围内生长较好。菌株固态发酵和液态发酵时VFA组成有所差异，但都是以乙酸和丁酸、乳酸为主。

（3）分子鉴定结果表明，菌株FJ-8是Pseudomonas（假单胞菌），菌株FJ-15是Shewanella（希瓦氏菌），菌株FJ-16是Pseudomonas（假单胞菌）。它们的最适温度分别是15℃、20℃和15℃，但在4℃液体发酵10d，可分别产生总VFAs 39.9mmol/L、35.4mmol/L和3.47mmol/L，其中分别含乙酸13.2mmol/L、16.1mmol/L和6.46mmol/L。

（4）5L的模拟发酵结果表明，加入筛选得到的低温发酵产酸菌，发酵启动时间缩短，产气量明显增加。与对照组相比，试验组的周产气量在相同时间内可高出59%。该菌株的发现为将来在低温条件下应用于厌氧发酵，提高原料转化率和沼气产气量提供了可能，有极高的潜在应用价值。

六、展望

随着世界人口的增加，人们对能源需求越来越多。能源与环境问题成为当今世界面临主要问题。在新能源的开发与利用中，沼气作为一种新的生物质能源，成为21世纪新兴的绿色能源。而沼气池在冬季产气率低，有些甚至不产气，造成沼气工程推广困难。要解决沼气池过冬问题，首先要对沼气池内的低温微生物进行研究。由于产酸细菌的生长较快，且对环境条件变化不敏感，造成 VFA 积累，反应体系 pH 下降，从而抑制甲烷菌的生长以至于破坏整个发酵系统。因此，掌握厌氧发酵过程中有机酸的变化及积累规律，对厌氧发酵和筛选高效产酸菌有重要意义。

沼气发酵过程中微生物复杂多样，沼液中微生物类群组成不同。沼气发酵的底物不同，产酸菌群的产酸量也不相同，且 VFA 的组成也会发生变化。产酸菌分解得到的 VFA 是产甲烷菌利用碳源物质产甲烷的简单前体。发酵产酸菌在沼气发酵过程中至关重要，为产甲烷菌提供充足的底物及适宜的 pH 环境，是提高产气量的关键步骤。因此，掌握沼气发酵过程中 VFA 的变化及积累规律，对提高沼气池产气量和筛选高效产酸菌具有重要意义。

附：

三株菌 16S rDNA 测序结果

菌株 FJ-8 的全序列，1 411bp：

GTAGAGAGAAGCTTGCTTCTCTT-
GAGAGCGGCGGACGGGTGAGTAATGCCTAGGAATCTGCCTGGTAGTGGGGGATAA-
CGTTCGGAAACGAACGCTAATACCGCATACGTCCTACGGGAGAAAGCAGGGGAC-
CTTCGGGCCTTGCGCTATCAGATGAGCCTAGGTCGGATTAGCTAGTTGGTGAGGT-
AATGGCTCACCAAGGCGACGATCCGTAACTGGTCTGAGAGGATGATCAGTCACAC-
TGGAACTGAGACACGGTCCAGACTCCTACGGGAGGCAGCAGTGGGGAATATTGGA-
CAATGGGCGAAAGCCTGATCCAGCCATGCCGCGTGTGTGAAGAAGGTCTTCGGATT-
GTAAAGCACTTTAAGTTGGGAGGAAGGGCAGTTACCTAATACGTGATTGTTTTGACG-
TTACCGACAGAATAAGCACCGGCTAACTCTGTGCCAGCAGCCGCGGTAATACAGAG-
GGTGCAAGCGTTAATCGGAATTACTGGGCGTAAAGCGCGCGTAGGTGGTTTGTTAA-
GTTGGATGTGAAATCCCCGGGCTCAACCTGGGAACTGCATTCAAAACTGACTGACT-
AGAGTATGGTAGAGGGTGGTGGAATTTCCTGTGTAGCGGTGAAATGCGTAGATATA-
GGAAGGAACACCAGTGGCGAAGGCGACCACCTGGACTAATACTGACACTGAGGTG-
CGAAAGCGTGGGGAGCAAACAGGATTAGATACCCTGGTAGTCCACGCCGTAAACGA-
TGTCAACTAGCCGTTGGAAGCCTTGAGCTTTTAGTGGCGCAGCTAACGCATTAAGTT-

GACCGCCTGGGGAGTACGGCCGCAAGGTTAAAACTCAAATGAATTGACGGGGGCCC-
GCACAAGCGGTGGAGCATGTGGTTTAATTCGAAGCAACGCGAAGAACCTTACCAGG-
CCTTGACATCCAATGAACTTTCCAGAGATGGATTGGTGCCTTCGGGAGCATTGAGAC-
AGGTGCTGCATGGCTGTCGTCAGCTCGTGTCGTGAGATGTTGGGTTAAGTCCCGTAA-
CGAGCGCAACCCTTGTCCTTAGTTACCAGCACGTAATGGTGGGCACTCTAAGGAGA-
CTGCCGGTGACAAACCGGAGGAAGGTGGGGATGACGTCAAGTCATCATGGCCCTT-
ACGGCCTGGGCTACACACGTGCTACAATGGTCGGTACAGAGGGTTGCCAAGCCGC-
GAGGTGGAGCTAATCCCATAAAACCGATCGTAGTCCGGATCGCAGTCTGCAACTCG-
ACTGCGTGAAGTCGGAATCGCTAGTAATCGCGAATCAGAATGTCGCGGTGAATACG-
TTCCCGGGCCTTGTACACACCGCCCGTCACACCATGGGAGTGGGTTGCACCAGAAG-
TAGCTAGTCTAACCTTCGGGAGGACGGTTACCACGGTGTGATTCATGAC

菌株 FJ-15 的全序列，1423 bp：

GCAGTCGAGCGGCAGCACAAGGGAGTTTACTCCTGAGGTGGCGAGCGGCGGA-
CGGGTGAGTAATGCCTAGGGATCTGCCCAGTCGAGGGGGATAACAGTTGGAAACGA-
CTGCTAATACCGCATACGCCCTACGGGGGAAAGGAGGGGACCTTCGGGCCTTCCGC-
GATTGGATGAACCTAGGTGGGATTAGCTAGTTGGTGAGGTAATGGCTCACCAAGGC-
GACGATCCCTAGCTGTTCTGAGAGGATGATCAGCCACACTGGGACTGAGACACGGC-
CCAGACTCCTACGGGAGGCAGCAGTGGGGAATATTGCACAATGGGGGAAACCCTG-
ATGCAGCCATGCCGCGTGTGTGAAGAAGGCCTTCGGGTTGTAAAGCACTTTCAGTA-
GGGAGGAAAGGGTGAGTCTTAATACGGCTTATCTGTGACGTTACCTACAGAAGAAG-
GACCGGCTAACTCCGTGCCAGCAGCCGCGGTAATACGGAGGGTCCGAGCGTTAATC-
GGAATTACTGGGCGTAAAGCGTGCGCAGGCGGTTTGTTAAGCGAGATGTGAAAGCC-
CTGGGCTCAACCTAGGAATAGCATTTCGAACTGGCGAACTAGAGTCTTGTAGAGGG-
GGTAGAATTCCAGGTGTAGCGGTGAAATGCGTAGAGATCTGGAGGAATACCGGTG-
GCGAAGGCGGCCCCCTGGACAAAGACTGACGCTCATGCACGAAAGCGTGGGGAGC-
AAACAGGATTAGATACCCTGGTAGTCCACGCCGTAAACGATGTCTACTCGGAGTTT-
GGTGTCTTGAACACTGGGCTCTCAAGCTAACGCATTAAGTAGACCGCCTGGGGAGT-
ACGGCCGCAAGGTTAAAACTCAAATGAATTGACGGGGGCCCGCACAAGCGGTGGA-
GCATGTGGTTTAATTCGATGCAACGCGAAGAACCTTACCTACTCTTGACATCCACG-

GAATTGGCTAGAGATAGCTTAGTGCCTTCGGGAACCGTGAGACAGGTGCTGCATG-
GCTGTCGTCAGCTCGTGTTGTGAAATGTTGGGTTAAGTCCCGCAACGAGCGCAAC-
CCCTATCCTTATTTGCCAGCACGTAATGGTGGGAACTCTAGGGAGACTGCCGGTG-
ATAAACCGGAGGAAGGTGGGGACGACGTCAAGTCATCATGGCCCTTACGAGTAG-
GGCTACACACGTGCTACAATGGCGAGTACAGAGGGTTGCAAAGCCGCGAGGTGG-
AGCTAATCTCACAAAGCTCGTCGTAGTCCGGATTGGAGTCTGCAACTCGACTCCA-
TGAAGTCGGAATCGCTAGTAATCGTGGATCAGAATGCCACGGTGAATACGTTCCC-
GGGCCTTGTACACACCGCCCGTCACACCATGGGAGTGGGCTGCAAAAGAAGTGG-
GTAGCTTAACCTTCGGGGGGGCCCTCACCACTTTGTGGTTC

菌株 FJ-16 的全序列，1 383bp：

CTTGCTTCTCTTGAGAGCGGCGGACGGGTGAGTAATGCCTAGGAATCTGCCTG-
GTAGTGGGGGATAACGTTCGGAAACGGACGCTAATACCGCATACGTCCTACGGGA-
GAAAGCAGGGGACCTTCGGGCCTTGCGCTATCAGATGAGCCTAGGTCGGATTAGC-
TAGTTGGTGAGGTAATGGCTCACCAAGGCGACGATCCGTAACTGGTCTGAGAGGA-
TGATCAGTCACACTGGAACTGAGACACGGTCCAGACTCCTACGGGAGGCAGCAGT-
GGGGAATATTGGACAATGGGCGAAAGCCTGATCCAGCCATGCCGCGTGTGTGAAG-
AAGGTCTTCGGATTGTAAAGCACTTTAAGTTGGGAGGAAGGGCAGTTACCTAATAC-
GTGATTGTTTTGACGTTACCGACAGAATAAGCACCGGCTAACTCTGTGCCAGCAGC-
CGCGGTAATACAGAGGGTGCAAGCGTTAATCGGAATTACTGGGCGTAAAGCGCGC-
GTAGGTGGTTAGTTAAGTTGGATGTGAAATCCCCGGGCTCAACCTGGGAACTGCA-
TTCAAAACTGACTGACTAGAGTATGGTAGAGGGTGGTGGAATTTCCTGTGTAGCG-
GTGAAATGCGTAGATATAGGAAGGAACACCAGTGGCGAAGGCGACCACCTGGAC-
TGATACTGACACTGAGGTGCGAAAGCGTGGGGAGCAAACAGGATTAGATACCCT-
GGTAGTCCACGCCGTAAACGATGTCAACTAGCCGTTGGGAGCCTTGAGCTCTTA-
GTGGCGCAGCTAACGCATTAAGTTGACCGCCTGGGGAGTACGGCCGCAAGGTTA-
AAACTCAAATGAATTGACGGGGGCCCGCACAAGCGGTGGAGCATGTGGTTTAAT-
TCGAAGCAACGCGAAGAACCTTACCAGGCCTTGACATCCAATGAACTTTCTAGA-
GATAGATTGGTGCCTTCGGGAACATTGAGACAGGTGCTGCATGGCTGTCGTCAG-
CTCGTGTCGTGAGATGTTGGGTTAAGTCCCGTAACGAGCGCAACCCTTGTCCTT-

AGTTACCAGCACGTTATGGTGGGCACTCTAAGGAGACTGCCGGTGACAAACCG-
GAGGAAGGTGGGGATGACGTCAAGTCATCATGGCCCCTTACGGCCTGGGCTACA-
CACGTGCTACAATGGTCGGTACAGAGGGTTGCCAAGCCGCGAGGTGGAGCTAA-
TCCCACAAAACCGATCGTAGTCCGGATCGCAGTCTGCAACTCGACTGCGTGAA-
GTCGGAATCGCTAGTAATCGCGAATCAGAATGTCGCGGTGAATACGTTCCCGG-
GCCTTGTACACACCGCCCGTCACACCATGGGAGTGGGTTGCACCAGAAGTAGC-
TAGTCTAACCTTCGGGGGGCACGGTTAC

第五章 低温沼气发酵工艺的优化

第一节 概述

一、农村户用沼气池发酵基本工艺规程及存在问题

1. 户用沼气池基本发酵工艺

我国是一个农业大国，除了大型的高温沼气工程外，大部分的沼气工程主要集中在农村的户用沼气池上，据此国家制定了《农村家用沼气发酵工艺规程》的国标，主要适用于农村池容积为 $6m^3$、$8m^3$、$10m^3$ 的水压式沼气池的常温（15℃以上）发酵。总结发酵原料配比、接种物、发酵启动和运行管理等方面的工艺要求，具体如下。

（1）沼气发酵原料。发酵原料主要是农村常见的生活、生产废弃物，如人畜禽类粪便、作物秸秆、杂草菜叶和生活污水等。粪便原料不必预处理，秸秆必须铡短到 6cm 以下或粉碎处理，原料的 C/N 比要控制在（10~30）：1 的范围内。

（2）接种物。启动沼气发酵时需要使用大量富含发酵微生物的活性污泥作为接种物，接种物相当于发酵的菌种，其添加量为料液的 10%~30%。接入含大量优质发酵微生物菌群的接种物，可以缩短启发时间，提高产气量。

（3）沼气发酵的启动。沼气发酵的启动是指新建池和大出料沼气池，从投入物料开始到能够正常而稳定地产气的过程。将预处理原料和接种物混合后的料液干物质含量控制在 4%~6% 易于启动，发酵到一定时期要放气试火，当所产沼

气能正常点燃使用时，沼气启动完成。

（4）运行管理。沼气池运行管理主要包括补料和搅拌等方面。沼气发酵启动后就进入正常运行阶段。要维持均衡产气，常温下启动后一个月左右就要定期进行补料，一般每个沼气池每天补 4~8kg 干物料，池温度高于 20℃，可适当增加补料量。农村水压式沼气池无搅拌装置，可在水压间用木棍搅拌，也可用污水泵将出料口的物料抽出再由进料口加入完成搅拌，每 5~7d 搅拌一次，防止浮渣层发生结壳现象。

2. 户用沼气存在的问题

（1）农村沼气池设计与施工不规范。一些农村户用沼气池在设计方面没有严格按照《国家农村沼气池设计规范标准》要求进行，沼气池容积与水压间比例失调、养殖规模和池容积失调，导致沼气池超负荷运转问题；加之接受过正规培训的沼气技术人员数量有限、工资较低，使得这部分人员流动较大，从而造成建成的沼气池质量差，存在漏气漏水问题。

（2）农户管理水平较差。农户对发展沼气认识不够，只了解沼气池能解决"点灯、烧水、做饭"等的日常需求，并没有从长远角度深刻认识到农村沼气建设对农村生活、生态环境的保护和改善、资源的循环利用等方面的重要性。农户管理粗放，不能坚持做到勤出料勤补料，不对料液进行搅拌，从而造成沼气池产气量低，无法满足农村用户的日常用气需求。一些农户觉得管理较麻烦，用完一次就停滞不用了。

（3）冬季不产气的问题。北方地区由于冬季气候寒冷而漫长，严重影响到沼气池的产气量，日均产气量通常低于 $0.1m^3/（m^3·d）$。沼气池产气量的高低和用气时间的长短主要与以下几个因素有关：建池标准；启动时的投料数量、种类和各种原料配比；发酵原料的浓度；发酵温度。其中发酵温度至关重要，由于农村户用沼气生产受环境温度的影响较大，导致寒冷地区农村户用沼气的使用和推广受到严重制约。保温增温，是解决沼气池冬季利用率低的关键问题。

（4）建设成本较高及后续服务跟不上。近年来，由于建筑材料价格和工人工费大幅度上涨，经过计算，以建设一个 $10 m^3$ 的沼气池为例，需要一次性投入3 500元左右，而政府对每口沼气池的补贴费用为 1 600~2 000元，其余的需要农户自己付，对于不富裕的农户，在一定程度上影响到了建池积极性。

沼气池不是一次性工程，建设好后在使用过程中还要注意维护等后续服务。目前，农村只重视建池的数量和速度，却缺乏对沼气设施使用过程中的维护管理和服务意识，出现老、旧、病池也没有专门人组织进行修理，再加之农户要负担维修费，致使部分沼气池停用甚至废弃，是一大损失。

（5）缺少优良的菌种。冬季户用沼气池产气量低，其中主要原因为缺少优良的适宜低温发酵的菌种，目前的农村户用沼气池所使用的发酵接种物，主要取自常温正常发酵的沼气池中的污泥和老粪坑底部的污泥等，再经过扩大培养而得到。当冬季池内气温低至10℃或以下时，常温沼气发酵微生物的活性就受到抑制，无法完成正常发酵过程而产气。开发研制适低温沼气菌剂和优化低温沼气发酵的各个工艺条件，为低温沼气菌剂提供更加适宜的发酵条件，是解决冬季农村户用沼气池产气量低的重要出路。

二、低温发酵工艺的国内外研究进展

1. 国外沼气发酵技术研究进展

近几十年来，随着全球的能源和环境问题的日益突出，各国开始将政策转向新能源的开发和利用，其中厌氧消化技术作为一种既能处理废弃物，同时又能产生清洁能源的技术，在世界上受到了越来越多的关注。一些欧洲国家在沼气工程技术方面、政府相关政策扶持方面和沼气工程带来的经济、环境和能源效益方面，都走在了世界前列。

在沼气技术的推广应用中，欧洲的技术水平和发展速度世界领先，沼气工程建设水平和自动化水平较高，形成了将畜禽养殖、农业生产、生活垃圾与沼气发酵生产相结合，再用所产沼气发电的系统化、产业化、规模化、立体化生产模式。

德国的沼气工程技术在发展和应用方面一直处于全球领先地位，在解决能源、改善环境和生态安全方面发挥着重要作用。德国沼气工程从1990年初始建至2011年，经历了不同的发展阶段。据统计，1999年德国沼气工程数量不足300处，自从2000年德国实施《可再生能源法》后，沼气工程得到了长足发展，到2010年，十年间增加到6 000多处，所产沼气的98%用于发电，总装机量达到2 700MW。到2011年年底，已累计建成大小沼气工程7 200多处，遍布整个德国，分别应用在畜禽养殖场、垃圾处理中心和私人农场等，总装机量超过 2 700 MW。从 2002 年起，英国也加入到可再生能源发电行列，可再生能源用于发电的份额从 2002 年刚建成的 3%增加到 2006 年的 5.7%。在法国很少使用以植物废物和粪便为发酵底物的小型沼气池，基本全是大中型沼气工程，据统计截至 2011 年年底，法国已建成 70 个市政污水处理沼气工程，126 个工业废水处理沼气工程，22 个废弃物存储中心，2 个市政垃圾沼气工程，7 个养殖场沼气工程。法国于 2006 年 12 月建成的沼气化垃圾处理厂正式投产，该工厂可处理垃圾量为28 000t/年，主要的处理物是经过挑选的可发酵性生物垃圾和农业食品加工工业垃圾（如油和油脂），产生的沼气可发电 6 600MWh/年。

我国的邻国日本和韩国应用厌氧消化技术处理人畜粪便、工业污水的历史也有几十年了。韩国在 1969—1975 年期间共建设使用了近 3 万口农村家用沼气池。日本积极发展可再生能源有助于解决资源短缺，日本 60 年代就开始用厌氧消化系统集中处理人畜粪便，处理量达到总处理量的 90%以上，由于日本科技发达，近年来不断新建各种大小规模的厌氧消化系统，分布在日本各处完成生活污水的处理任务。

2. 国内沼气发酵技术研究进展

中国沼气发展开始于 20 世纪 30 年代左右，发展到今天主要经历了 4 个时期：初始发展时期、技术成熟时期、快速发展时期和建管并重时期。我国沼气发展虽然较早，但由于技术有限，加之当时对沼气的认识不够科学全面，只是作为一种解决能源短缺的手段，没有得到重视。直到 20 世纪 70—80 年代才尝试与农业生产相结合。随着应用过程中发现沼气工程不仅能解决能源短缺问题，同时还有能提高土地肥力、增加农作物产量、增强作物抗病性等诸多好处，中央财政对沼气工程也加大了投入力度，"六五"期间，国家每年安排 4 000 万元的贷款扶持农村沼气建设，1985 年 10 月"农村可再生能源技术开发"列入国家计委"七五"科技攻关计划项目。"八五"期间在全国组织实施"百县农村能源综合建设"。"九五"期间，国务院又批准实施新一轮"百县农村能源综合建设"工作。从 2003 年至 2006 年，国家财政共投入 55 亿元国债资金，在全国 4 万 8 千个村建设了 573 万户沼气池，投入 9 385 万元建成了 98 处大中型沼气工程。2006 年投入25 亿元，2007 年投入 25 亿元，2008 年投入 60 亿元，2009 年投入 50 亿元，2010

年投入 52 亿元。财政的投入极大地促进了农村沼气池的建设，农村沼气池数量也从 1981 年的 530.6 多万个，逐年增长达到 2011 年的 4 168 万个，增长变化见表 5-1。

表 5-1　中国农村户用沼气池数量变化

数量	单位	2000 年	2002 年	2004 年	2006 年	2008 年	2010 年	2011 年
沼气池数量	万户	900	1 400	1 544	2 200	3 049	3 851	4 168
增长量	万户		500	144	656	849	802	317

我国农村沼气基本的模式有"三结合"、"四位一体"、和"五配套"模式。早期主要建设"三结合"模式沼气池，在 20 世纪 50 年代后期，将沼气池、厕所、畜禽圈舍连接起来。随着沼气相关技术的发展，南方主要形成以"猪沼果"生态模式为主的"三位一体"沼气发酵模式；北方主要形成"猪圈、厕所、沼气池、温室大棚"为主的"四位一体"沼气生态发酵模式；西北主要形成"五配套"（在猪——沼——果的基础上增加太阳能暖圈和暖棚）为代表的农村沼气发展模式。

北方沼气发展也在积极进行当中，但因为北方冬季漫长寒冷，平均气温在零下 10℃，年温差高达 30℃ 以上，地下 2m 的温度不超过 10℃，在南方普遍推广的较成熟的沼气应用模式技术在北方的效果不是很好，寒冷的气候严重制约了沼气能源在北方地区各省的应用和推广。北方各省份都是农业大省，沼气工程的推广也大都面向农村小型户用沼气池的应用上，而且基本采用常温自然温度混合批次发酵工艺或半连续发酵工艺，通常是春季进行一次性大投料，几个月后再进行一次大换料，农户多数时间在农忙，对沼气池没有系统有效的管理，不能做到勤出料勤补料，使得沼气工程利用率低。再加之对低温沼气发酵机理、低温微生物菌剂、发酵添加剂等的研究不足，导致菌群代谢失衡、活性降低、产气率随之降低的问题难以解决。

应对这些不足，科研工作者开始在发酵机理方面、新发酵工艺、菌剂和添加剂研发、高新技术的加入等方面投入大量精力，取得了不少成果。菌剂方面，1999 年，姚利等人在结合保温措施的同时，将利用生物技术手段筛选、驯化的耐低温和具分解秸秆作用的菌种复合成沼气发酵菌剂接种到沼气池中，使沼气池产气量提高 38.2%~45.5%。2002 年李亚新、董春娟等人报道，微量元素 Fe、Co、Ni 的加入可以削弱污水中毒性物质对甲烷菌的拮抗作用。2011 年，邱凌等人为提高冬季沼气池温度，采用太阳能双极增温系统，使发酵池内料液平均温度比不采用增温措施的发酵池内料液温度平均高 (6±1.0)℃。2011 年，黄江丽等人筛选低温野生菌群和低温厌氧颗粒污泥菌群，通过互补优化后得到沼气发酵功能菌群，在不同温度下进行模拟发酵，使产气率平均提高 46.6% (13℃) 和 41.1% (10℃)，用于沼气池中可提高甲烷含量 24% 左右。2012 年，王栗等人在低温条件下对产甲烷菌群开展传代培养，得到第五代高效产甲烷菌群并投入促进剂中，将沼气中的甲烷含量从 45% 提高到 65% 以上，产气量方面也显著高出第一代产甲烷菌。

"十一五"期间，内蒙古呼和浩特市沼气事业得到了长足发展，2008—2009 年，内蒙古政府将农村户用沼气列入政府民生工程之一，政府给予一定的财政补贴，鼓励农民建设沼气池，并同时发展家庭养殖业。2009 年，该区共计新建户用沼气池约 18 万户，乡级沼气服务网点 700 个，县级沼气服务站 2 处，综合型养殖小区和联户沼气工程 51 座，大中型沼气工程 10 处。

三、本章研究内容、目的及意义

1. 研究内容

本课题通过对常温发酵工艺的分析，在 4℃ 的低温条件下，主要从底物浓度、C/N 比、接种量、补料量和搅拌强度等发酵工艺方面进行单因素和正交等研究，优化制定出适合低温使用的沼气发酵工艺，目的是提高低温条件下沼气池的产气量，为解决冬季沼气池产气量低、无法正常运行等提供基础数据。

2. 研究意义

随着我国经济的快速发展，人民生活水平的普遍提高，能源消耗也越来越大，能源危机和环境污染已成为困扰我国发展的严重问题。近年来，党中央和国务院大力提倡转变经济发展方式、加快能源转型，农村沼气工程是全面建设农村小康生活、改善农村生活、生态环境的主要任务之一。农村户用沼气作为一种生态友好型循环经济发展模式，以沼气为纽带建立各种能源生态模式，将农村畜禽粪便、农田秸秆、生活污水等作为发酵原料生产沼气，一方面可以改善农村生态生活环境，既解决畜禽粪便乱堆乱倒污染环境的问题，沼渣沼液又是高效的农田有机肥，可替代部分化肥使用；另一方面，在一定程度上也能够解决农村能源短缺的问题。但是，目前我国推广的户用沼气池几乎全部采用常温（15℃以上）发酵模式，沼气池产气情况受温度变化的影响很大。在我国北方，冬季寒冷的气候使得沼气池不能正常使用，有的甚至被冻坏；即使在南方，一年当中也有两三个月气温在10℃以下的时候，影响沼气池的正常产气，导致已建成的沼气池存在"越冬"难和全年利用率低等问题。低温条件下难以产生沼气，不仅影响了农民对沼气工程建设的信心和积极性，对沼气事业的推广、国家节能减排的推进也带来不利影响。因此，低温沼气发酵工艺将成为今后科研工作的主要重点之一。

第二节　材料与方法

一、材料

1. 菌剂和培养基

（1）实验用菌剂为实验室筛选驯化的复合沼气发酵菌剂。

（2）发酵物料。自来水、玉米秸秆（铡短并粉碎）、牛粪（秸秆和牛粪均取自呼和浩特市北岛拉板村）。

2. 主要器皿、设备

（1）主要器皿。烧杯（500mL）、量筒（100mL、500mL）、锥形瓶（500mL）、下口瓶（3 000mL）、广口瓶（500mL、5 000mL）。

（2）主要设备（表5-2）。

表5-2　主要仪器设备

名称	型号	厂家
气相色谱仪	GC-7900	上海天美科学仪器有限公司
生化培养箱	BD-SPXD-450	南京贝蒂实验仪器有限公司
星星冰箱	BCD-198SAV	星星集团有限公司

（续表）

名称	型号	厂家
电子天平	YP5002	上海佑科仪器仪表有限公司
电热恒温鼓风干燥箱	DHG-9240A	申仪国科科技有限公司
pH 计	PHS-3C	上海佑科仪器仪表有限公司
星星冰柜	BD/BC-200FH	浙江太康生物科技有限公司

二、方法

1. 发酵底物配比的单因素实验

（1）最适 C/N 比实验。为确定 C/N 比，分别固定底物浓度为 20% 和接种量 30% 不变，设定 C/N 比分别为 25/1、30/1、35/1、40/1。在 500mL 锥形瓶中发酵，放入 4℃ 生化培养箱中培养 3 个月。每组做 3 个平行。每周测一次产气量，每 5 天测一次 CH_4 含量和 pH 变化。

原料的 C/N 比按下面公式计算：

$$C/N = V = 8m^3$$

式中：

C 为每种原料的碳素含量, %；

N 为每种原料的氮素含量, %；

W 为每种原料的重量, g 或 kg。

（2）最适底物浓度实验。为确定底物浓度，分别固定 C/N 比为 30/1 和接种量 30% 不变，设定底物浓度分别为 10%、15%、20%、25%。在 500mL 锥形瓶中发酵，放入 4℃ 生化培养箱中培养 3 个月。每组做 3 个平行，每周测一次产气量，每 5d 测一次 CH_4 含量和 pH 变化。

（3）最适接种量实验。为确定接种量，分别固定 C/N 比为 30/1 和底物浓度为 20% 不变，设定接种量分别为 28%、33%、38%、43%。在 500mL 锥形瓶中发酵，按不同接种量加接种物，放入 4℃ 生化培养箱中培养 3 个月。每组做 3 个平行，每周测一次产气量，每 5d 测一次 CH_4 含量和 pH 变化。

2. 发酵底物最适配比正交试验

采用正交试验，探究沼气发酵时最优底物配比关系，其中以沼气中甲烷含量作为评价指标，通过单因素实验的结果，设计3因素3水平正交试验，三个因素分别为C/N比、底物浓度、接种量。底物的C/N比影响菌体的营养，底物浓度影响最终的产气量，接种量影响到启发速度，所以取这三个因素做正交试验，具体方案见表5-3。

表5-3　正交试验的因素和水平

	C/N 比（A）	底物浓度（B）	接种量（C）
1	27/1	12%	35%
2	30/1	15%	38%
3	33/1	18%	41%

3. 补料方式试验

（1）补料类型对产气量的影响。在500mL锥形瓶中模拟发酵，发酵的第49天时补加15%的物料，物料的质量相等，补料配比类型为A：只加牛粪；B：牛粪和秸秆2：1；C：牛粪和秸秆1：1；D：牛粪和秸秆1：2。补加后同时放在4℃生化培养箱中继续培养。每组3个平行，每周测其产气量，每5d测甲烷含量和pH值。

（2）补料时间对产气量的影响。在500mL锥形瓶中模拟发酵，在不同的时间补加15%的牛粪底物，补料时间分别在发酵到42d、49d、56d、63d时。补料完毕后同时放在4℃生化培养箱中继续培养，每组3个平行，每周测一次产气量，每5d测一次甲烷含量和pH值。

（3）补料量对产气量的影响。在500mL锥形瓶中模拟发酵，发酵到第49d，同时补加不同量的牛粪底物，补加量分别是：8%、13%、18%、23%。补料完毕后同时放入4℃生化培养箱中继续培养，每组3个平行，每周测一次产气量，每5d测一次甲烷含量和pH值。

4. 搅拌实验

在500mL锥形瓶中模拟发酵，按C/N比为30/1、底物浓度20%、接种量为30%的物料配比配料，进行发酵实验。搅拌设计为Ⅰ：每隔10d搅拌一次；Ⅱ：每隔20d搅拌一次；Ⅲ：每隔30d搅拌一次；Ⅳ：每隔40d搅拌一次；每组3个平行。放入4℃的生化培养箱中培养90d，每周测一次产气量，每5d测一次甲烷含量和 pH 值。

5. 补料和搅拌的正交试验

采用正交试验，探究沼气发酵时最优补料方式和搅拌的关系，其中以沼气中甲烷含量作为评价指标，通过单因素实验的结果，设计 3 因素 3 水平正交试验，三个因素分别为补料量、补料时间、搅拌强度。具体方案见表 5-4。

表 5-4 正交试验的因素和水平

	补料量（A）	补料时间（B）	搅拌强度（C）
1	10%	第 45 天	15d/次
2	13%	第 49 天	20d/次
3	16%	第 53 天	25d/次

6. 模拟发酵试验

根据正交试验的出的最佳发酵工艺，设定低温沼气发酵工艺（如图 5-1），进行一次模拟发酵实验。以正交实验数据配料，在 3L 的发酵装置中进行发酵实验，实验进行到第 49d 时进行补料，补料量为发酵液的 13%，补料类型为单独牛粪，每隔 15d 搅拌一次。对照组 CK 的配料和管理按《农村家用沼气发酵工艺规程》进行。在 4℃ 的生化培养箱中发酵 90d，每周测一次产气量，每 5d 测一次甲烷含量。

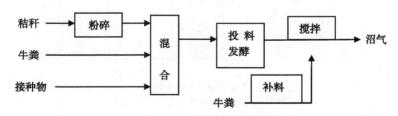

图 5-1 低温发酵工艺路线

7. 实验装置图和测定方法

（1）发酵装置。实验室自制的小型沼气发酵装置，装置由发酵部分和集气部分组成，各部之间用玻璃导管和橡胶导管连接，瓶口用橡胶塞密封，通过排水集气法收集沼气，各取样口用止水夹密封。图5-2中的A和B为装置的示意图。

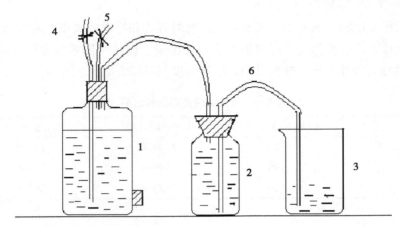

A

1.发酵瓶；2.集气瓶；3.集水瓶
4.取样口；5.取气品；6.导管

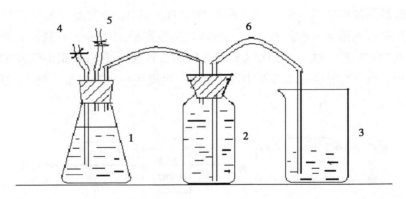

B

1.发酵瓶；2.集气瓶；3.集水瓶
4.取样口；5.取气品；6.导管

图5-2　发酵装置示意图

（2）甲烷测定的气相条件。沼气中甲烷的含量可以用气相色谱来测定，本实验室所用气相色谱仪为天美GC-7900，带甲烷转化炉，检测器为氢火焰离子化检测器（FID）。

色谱条件如下：

色谱柱：TDX-01，80~100 目，2m×3mm 不锈钢柱；

温度：柱温 190℃，进样器 210℃，FID 检测器 230℃；

甲烷转化炉 360℃；

载气：N_2（99.99%），压力 0.3MPa；

助燃气：空气，0.33MPa；

燃气：氢气，30mL/min。

（3）pH 值的测定方法。测定发酵液的 pH 值时，从发酵装置的取样口取出 10mL 发酵液置于 25mL 的小烧杯中，使用 PH-3C 型 pH 计进行测定。pH 计使用前要用标准溶液活化。

第三节　结果与分析

一、发酵底物配比结果

1. 最适 C/N 比实验结果

由图 5-3 和图 5-4 可知，低温沼气发酵，C/N 比为 30/1 的实验组，周产气量最大值出现在第 42d，而 C/N 比为 25/1、35/1、40/1 的实验组周产气量最大值分别出现在第 49、56 和 56 天左右，C/N 比为 30/1 实验组的产气高峰比其他实验组的产气高峰提前到来 7~15d；总产气量方面，C/N 比为 30/1 的实验组总产气量最高，为 504.1mL。由图 5-4 可知，发酵一个月后，不同 C/N 比的各实验组之间就出现了较明显的差异，C/N 比为 30/1 的实验组，甲烷含量均高于其他实验组。从图 5-5 的 pH 值变化可知，各实验组发酵液的 pH 值均维持在沼气正常发酵的 6.5~7.5 的范围内，没有发生酸化现象。综上所述，C/N 比为 30/1 的实验组，在缩短沼气池的启动时间、提前产气高峰到来时间等方面较其他实验组好。

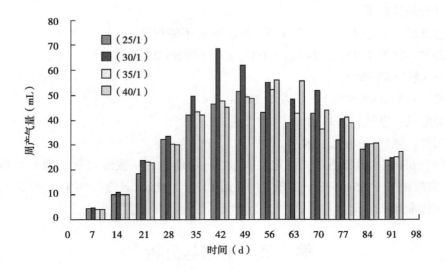

图 5-3　C/N 比对周产气量的影响

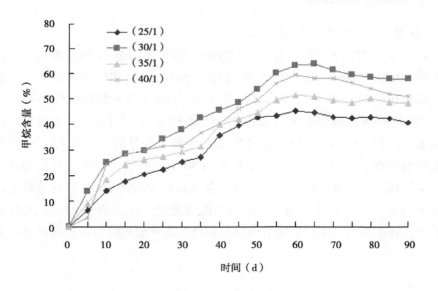

图 5-4　C/N 比对甲烷含量的影响

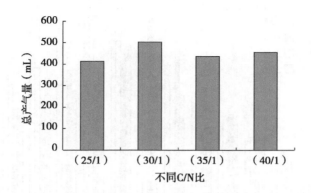

图 5-5　C/N 比对总产气量的影响

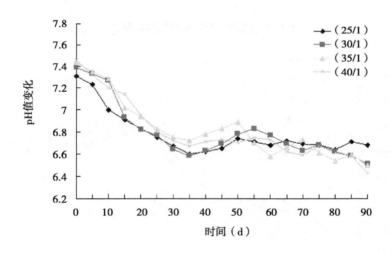

图 5-6　C/N 比对 pH 值的影响

2. 最适底物浓度实验结果

由图 5-7 可知，底物浓度为 15% 的实验组在产气高峰来临前，其周产气量都高于其他实验组，产气高峰出现在第 49d 左右，比底物浓度为 10%、20%、25% 的实验组产气高峰提前到来 7~14d；而在连续发酵 56d 之后，底物浓度为 15% 的实验组周产气量比底物浓度为 20% 和 25% 的实验组的周产气量低。由图

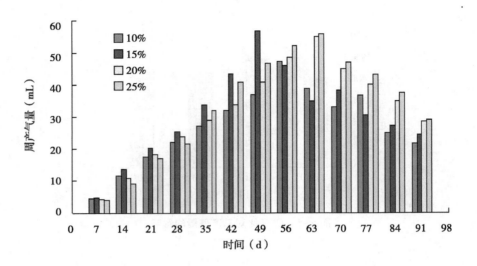

图 5-7　底物浓度对周产气量的影响

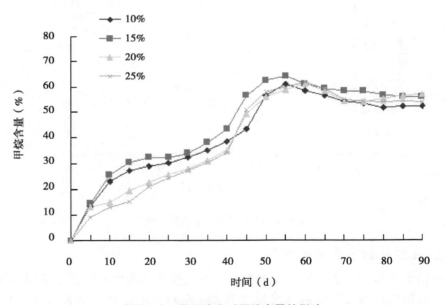

图 5-8　底物浓度对甲烷含量的影响

5-9可知，总产气量与底物浓度成正相关，因为底物浓度高，发酵液中的有效

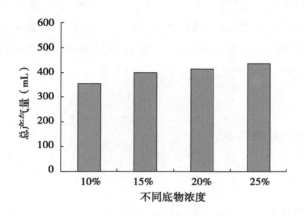

图 5-9 底物浓度对周产气量的影响

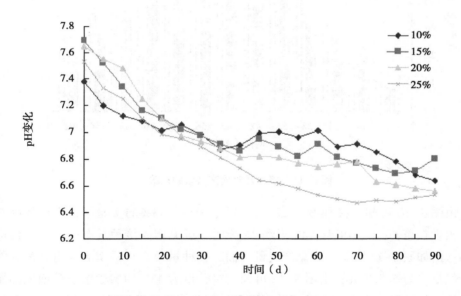

图 5-10 底物浓度对 pH 值的影响

干物质的量就大，产生的沼气的量就大。从图 5-8 可知，虽然底物浓度高总产气量较大，但是沼气中的甲烷含量并没有显著提高。从图 5-10 的 pH 变化可知，底物浓度为 25% 的实验组，发酵液的 pH 比其他实验组的 pH 明显偏低，可能产甲烷菌的活性受到抑制，从而致使沼气中甲烷气体含量较低。综上所述，底物浓度为 15% 的实验组在缩短沼气池启动时间和维持较高甲烷含量方面比其他实验组好。

$$\frac{f_1}{D} = \frac{1}{5}$$

3. 最适接种量实验结果

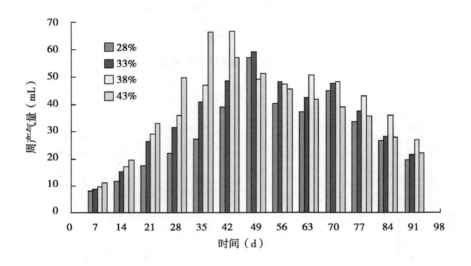

图 5-11 接种量对周产气量的影响

由图 5-10 可知，接种量为 28%、33%、38%、43% 的实验组，周产气高峰分别出现在第 49 天、49 天、42 天和 35 天时，可见增大接种量有助于沼气池的启动；由如图 5-11 可知，在总产气量方面，接种量为 38% 的实验组得到最高的总产气量，为 505.7mL；由图 5-12 可知，接种量为 43% 的实验组发酵前期的甲烷含量比接种量为 28% 的实验组的甲烷含量明显偏高，但到了发酵后期，各组的甲烷含量相差甚微。由图 5-14 可知，接种量 43% 的实验组，发酵开始时料液的 pH 值下降的幅度较大，发酵结束时 pH 值也较其他实验组低。

综上所述，接种量为 38% 的实验组，产气高峰虽然没有接种量为 43% 的实验

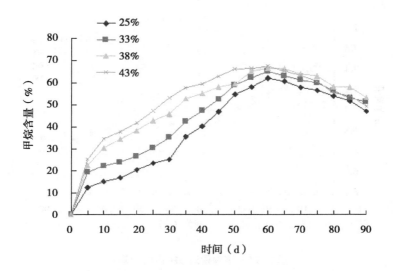

图 5-12　接种量对甲烷含量的影响

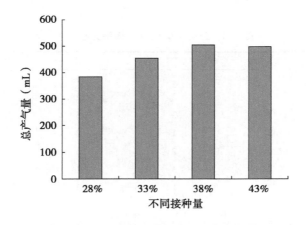

图 5-13　接种量对总产气量的影响

组出现的早，但是在发酵过程中能保持较高的甲烷含量和总产气量，发酵料液 pH 值的波动也比接种量为 43% 的实验组小，故接种量为 38% 的实验组比其他实验组好。

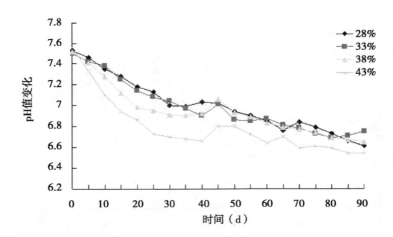

图 5-14 接种量对 pH 值的影响

二、发酵底物最适配比正交试验结果

表 5-5 正交试验设计及结果分析

因素	A	B	C	甲烷含量（%）
实验1	1	1	1	42.9
实验2	1	2	2	61.87
实验3	1	3	3	30.14
实验4	2	1	2	36.43
实验5	2	2	3	49.26
实验6	2	3	1	31.41
实验7	3	1	3	41.37
实验8	3	2	1	26.12
实验9	3	3	2	34.28
K1	134.91	120.7	100.43	
K2	117.1	137.25	132.58	
K3	101.77	95.83	120.77	
k1	44.970	40.233	33.477	
k2	39.033	45.750	44.193	

（续表）

因素	A	B	C	甲烷含量（%）
k3	33.923	31.943	40.257	
r	11.047	13.807	10.716	
最优方案	A1	B2	C2	

如表 5-5 所示，正交试验结果以平均甲烷含量为参考指标，对三个因素的极差进行比较，极差 r 的重要次序为：底物浓度>C/N 比>接种量；得到的低温沼气发酵最优底物配比工艺为 A1B2C2，即 C/N 比 27/1、底物浓度 15%、接种量 38%。

三、补料方式试验结果

1. 补料类型对产气量的影响结果

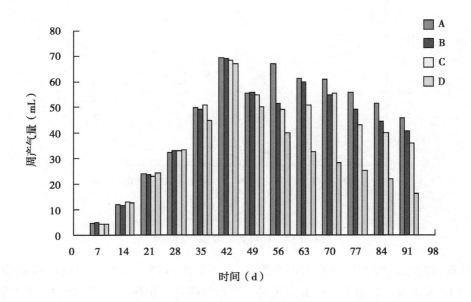

图 5-15　补料类型对周产气量的影响

由图 5-15 可知，实验 A 组补料后一周（56d）就出现了第二次产气高峰，B

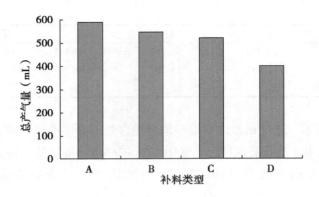

图 5-16　补料类型对总产气量的影响

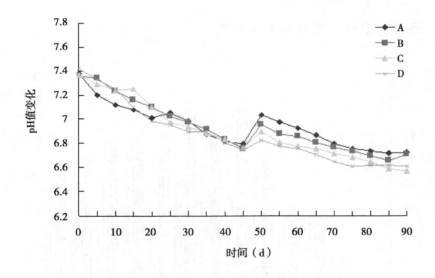

图 5-17　补料类型对 pH 值影响

组补料后的第二次产气高峰出现在第 63 天，C 组的第二次产气高峰出现最晚，在第 70 天出现，D 组基本没有出现第二次产气高峰。由图 5-16 可知，A 组补料后得到最高的总产气量，为 589.9mL；实验 B 组总产气量其次，为 547.1mL；实验 C 组总产气量为 521.8mL；D 组补料后得到的总产气量最小为 401.2mL。由图 5-17 可知，补料类型对发酵液的 pH 影响见明显，补加单独牛粪的 A 组补料后发

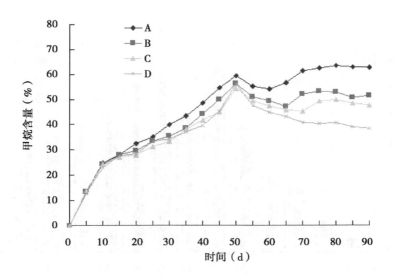

图 5-18　补料类型对甲烷含量的影响

酵液的 pH 值回升较大，补加牛粪和秸秆的比例为 1∶2 的 D 组，补加料液后 pH 回升最小，且 pH 值均低于其他实验组。由图 5-18 可知，实验 D 组补料后的甲烷含量没有明显的提高，这说明补加的牛粪少，对提高甲烷含量没有帮助。

　　综上所述，补料类型为单独牛粪的 A 组效果最好。低温沼气发酵时补料类型应该是单独补加牛粪，可以使第二次产气高峰较早到来，维持正常产气；在低温条件下，补加秸秆底物不容易被发酵微生物利用，影响沼气的产气量。

　　2. 补料时间对产气量的影响结果

　　由图 5-19 可知，在发酵进行到第 42 天时补料的实验组，第二次产气高峰出现在补料 4 周后的第 70 天左右，周产气量较低；发酵进行到第 49 天时补料的实验组，第二次产气高峰出现在一周后的第 56 天左右，且维持着较高的产气量；发酵进行到第 56 天时补料的实验组，第二次产气高峰出现在 3 周后的第 84 天左右；发酵进行到第 63 天时补料的实验组，几乎没有出现第二次产气高峰，只是在补料后的第 2 周时出现了产气量的微弱波动。由图 5-20 可知，各实验组总产气量分别为 436mL、547mL、464.9mL、422.9mL。由图 5-21 可知，第 49 天补料的实验组沼气中甲烷含量高于其他实验组，第 56 天补料的实验组在实验结束时

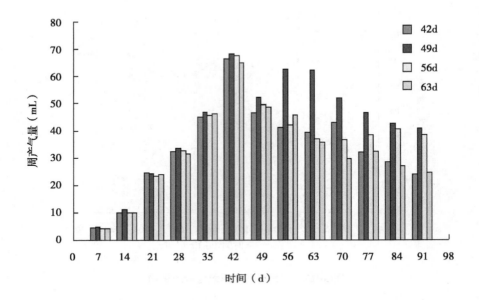

图 5-19　补料时间对周产气量的影响

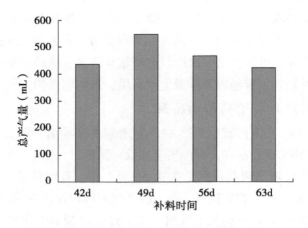

图 5-20　补料时间对总产气量的影响

甲烷含量与第 49 天的实验组持平。由图 5-22 可知，第 63 天补料的实验组后期 pH 值高于其他实验组，说明补加入的物料几乎没有消化分解产生酸类。

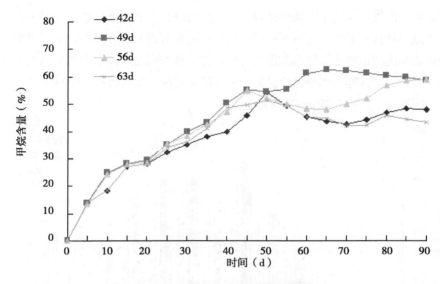

图 5-21　补料时间对甲烷含量的影响

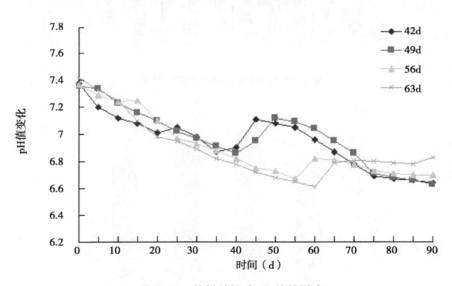

图 5-22　补料时间对 pH 值的影响

本实验中的沼气产气高峰一般出现在 40~45d，此时的微生物数量最多，且最活跃，这时补加物料，微生物能对补加到发酵体系的物料进行及时的消化，能够维持高效产气。而在产气高峰期未到来前补料（第 42 天补料），容易破坏正常发酵中已形成的平衡，过早补料不能很好地达到补料的目的；当发酵到 63d 再补料，由于发酵体系中底物营养物质严重缺乏，导致微生物大量死亡，补加到发酵体系中的物料得不到菌体的有效消化，同样起不到补料的目的，使发酵不完全，反而浪费了物料。

3. 补料量对产气量的影响结果

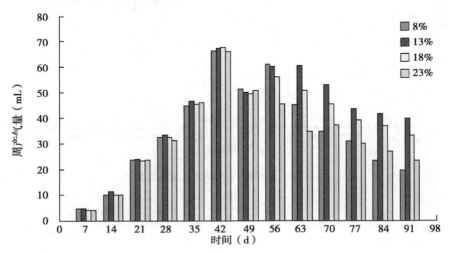

图 5-23 补料量对周产气量的影响

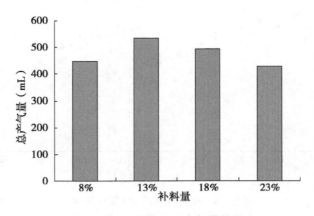

图 5-24 补料量对总产气量的影响

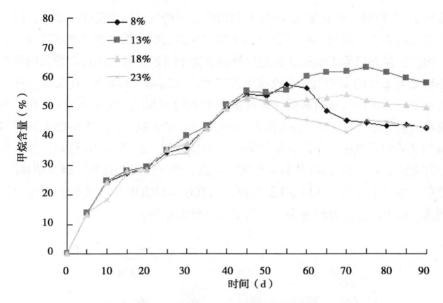

图 5-25　补料量对甲烷含量的影响

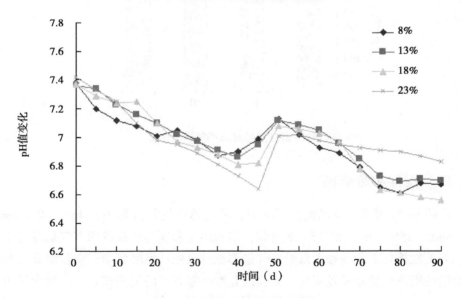

图 5-26　补料量对 pH 值的影响

由图 5-23 可知，补料量为 8% 的实验组第二次产气高峰出现在一周后，但是没有维持较长的高产气时间；补料量为 13% 和 18% 的实验组第二次产气高峰也几乎出现在一周后，补料量为 13% 的实验组比补料量为 18% 的实验组维持着较高的周产气量；补料量为 23% 的实验组几乎没有出现二次产气高峰，只在第 70 天时出现产气量的微小上涨，周产气量明显低于补料量为 13% 的实验组。由图 5-24 可知，各实验组总产气量分别 448.3mL、535.6mL、494.1mL、429.8mL。由图 5-25可知补料量为 13% 的实验组沼气中的甲烷含量均高于其他实验组。由图 5-26 可知，补料量为 23% 的实验组发酵后期的 pH 值较其他实验组高，其产气量却最低。因为菌体死亡，无法消化底物产生酸类，所以 pH 值较高，而其他实验组均不同程度地产气，故 pH 有所回落。综上所述，补料量为 13% 的实验组效果最好。

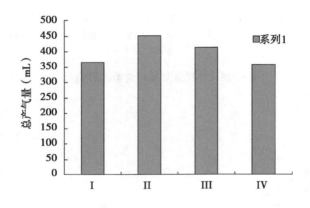

图 5-27　搅拌对总产气量的影响

四、搅拌实验结果

由图 5-27 可知，不同搅拌频率的实验组总产气量分别 365.4mL、451.2mL、414.6mL、356.7mL。由图 5-28 可知，实验组 I 和实验组 IV 的周产气量差异不显著，可见搅拌频率太高和太低对产气量都没有益处；发酵后期，实验组 II 与其他实验组的周产气量差异较明显，实验组 II 维持着较高的周产气量，甲烷含量也显著高于其他（图 5-29）。由图 5-30 可知，实验组 IV 的 pH 较其他实验组的偏低，由于实验组 IV 的搅拌频率最低，不利于发酵体系中产生的各类有机酸扩散，从而

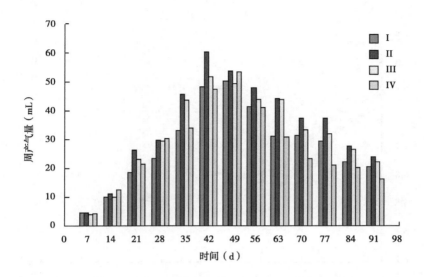

图 5-28　搅拌对周产气量的影响

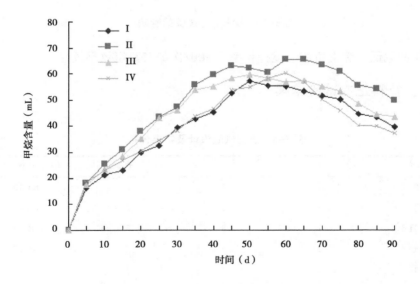

图 5-29　搅拌对甲烷含量的影响

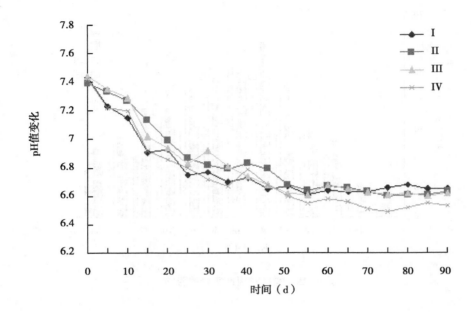

图 5-30　搅拌对 pH 值的影响

导致 pH 值偏低。综上所述，搅拌频率为 20d/次的实验组效果较好。

五、补料正交试验结果

表 5-6　正交试验设计及结果分析

因素	A	B	C	甲烷含量（%）
实验 1	1	1	1	60.16
实验 2	1	2	2	67.42
实验 3	1	3	3	38.55
实验 4	2	1	2	43.75
实验 5	2	2	3	64.14
实验 6	2	3	1	48.76
实验 7	3	1	3	32.14

（续表）

因素	A	B	C	甲烷含量（%）
实验8	3	2	1	47.16
实验9	3	3	2	50.2
K1	166.13	136.05	156.08	
K2	156.65	178.72	161.37	
K3	129.5	137.51	134.85	
K1	55.377	45.350	52.027	
k2	52.217	59.573	53.790	
k3	43.167	45.837	44.943	
r	12.210	14.223	8.847	
最优方案	A1	B2	C2	

如表5-6所示，正交试验结果以平均甲烷含量为参考指标，对三个因素的极差进行比较，极差 r 的重要次序为：补料时间>补料类型>搅拌频率；得到的低温沼气发酵补料和搅拌的最优工艺为 A1B2C2，即补料量为10%、补料时间为发酵到第49天、搅拌频率为20d/次。

六、模拟发酵的结果

由图5-31可知，模拟组的周产气量在发酵初期就明显高于对照组，最高周产气量为562.9mL/3 000mL，而对照组的最高周产气量只有471.6mL/3 000mL，模拟组比对照组高出19.36%。由图5-32可知，补料后模拟组的总产气量达到4 729.7mL/3 000mL，对照组的总产气量为3 477.8mL/3 000mL，也明显高于对照组，模拟组的总产气量高出对照组36.00%。由图5-33可知，模拟组发酵的各个阶段的甲烷含量均明显高于对照组。

综上所述，通过优化后的沼气发酵工艺进行模拟发酵实验得出，低温（4℃时）沼气发酵工艺，对缩短沼气池的启动时间、增加沼气产气量、提高沼气中的甲烷含量等有一定的作用。

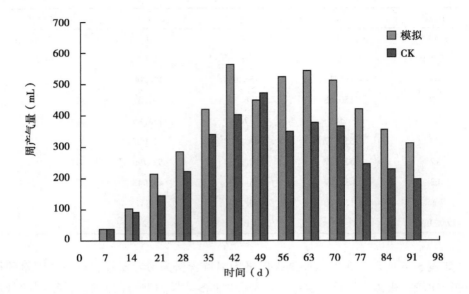

图 5-31　模拟发酵试验周产气量图

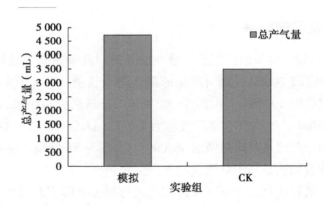

图 5-32　模拟发酵试验总产气量图

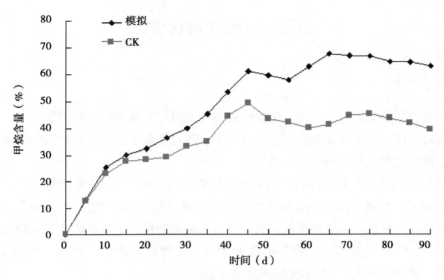

图 5-33　模拟发酵试验甲烷含量图

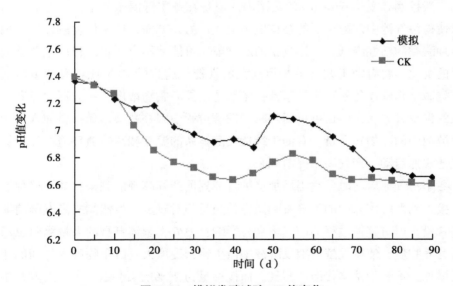

图 5-34　模拟发酵试验 pH 值变化

第四节　结论与讨论

一、结论

本实验在模拟农村户用沼气池发酵的基础上进行实验室的小试发酵实验，在参考农村户用沼气池常温发酵工艺的前提下，研究了冬季沼气池正常运行的低温沼气发酵工艺及优化，得到如下结论。

（1）底物优化配比的结论。由单因素实验得出，4℃下，C/N比为30/1，底物浓度为13%，接种量为38%的各实验组能够很好地缩短沼气池的启动时间，并能维持较高的沼气产气量和甲烷含量。通过正交试验得出了最优的沼气发酵底物配比关系：C/N比为27/1、底物浓度为15%、接种量为38%，如此配料进行沼气发酵，能够得到最高61.87%的甲烷含量。

常温下沼气池发酵物料的C/N比一般控制在（10～30）/1的范围内，底物浓度一般控制在夏季6%～8%的范围内。但是在冬季低温条件下，一方面，由于低温使得沼气池中发酵菌群的结构发生变化；另一方面，低温使发酵微生物菌体和各种酶类的活性降低，上述夏季的底物配比可能就不合适了。相应地调整入池物料的配比，将有助于改善冬季沼气池的性能。适宜的C/N比将有助于沼气池中各类微生物菌体的快速生长繁殖；冬季适当提高底物浓度，一方面，有利于发酵液的保温，另一方面也可以适当减少发酵过程中因补料操作随补料加入而带入到发酵池中的冷物料质量，有助于维持发酵体系的温度和菌体微环境的稳定；使沼气池快速启动，产气高峰提前到来。

冬季沼气池启动时，适当增加接种量能提前产气高峰的到来；如果接种量太大，接入到发酵体系中的沼气发酵微生物数量相对较多，虽然能提高发酵前期的甲烷含量，但对整体过程的产气量会有影响；另外，菌体自身的大量繁殖也消耗大量营养物质，使得发酵后期发酵液中微生物密度增大，微生物种内种间的相互作用增加，不利于菌体代谢产沼气。而接种量为28%的实验组，由于发酵开始时接入到发酵体系中的菌体数量较少，对发酵底物分解利用不充分，使得总产气量较低。

（2）补料。由本实验得出，在4℃下，补料时间实验中，以当正常产气的沼气池运行到第49天时补料的实验组，总产气量最高达到547mL，比其他实验组的总产气量分别提高25.46%、17.66%、29.34%；补料量实验中，以按照底物料液量的13%补料的实验得到了最高535.6mL的总产气量，比其他实验组的总产气量分别高出19.47%、8.40%、24.62%；补料类型实验中，以补加单独牛粪的实验组得到最高589.9mL的总产气量，比其他实验组的总产气量分别高出7.82%、13.05%、47.03%。这样的补料方式能够使沼气池正常运行并维持较高的沼气产气量。冬季沼气池正常运行下，要想维持较高的产气量，需要适时适量地对沼气池补料，同时要加强运行管理。

夏季沼气发酵补料时，通常补加一定配比的牛粪和秸秆物料，因为夏季沼气池的温度较高，各类发酵微生物活性较高，对纤维素类底物能够很好地利用，而且秸秆类底物的产气潜力较牛粪大。冬季沼气池补料时，最好只补加微生物较容易利用的牛粪、猪粪等富氮类底物，因为低温下牛粪比秸秆容易消化，加入牛粪能迅速补充料液中所缺营养物质，能较快达到第二次产气高峰。而秸秆类物质可以用来喂牲畜，即解决了冬季牲畜饲料问题，也可将微生物不好利用的秸秆类物质转化成好利用的粪便类物质。故冬季补料时最好补加富氮类物料，以维持沼气池的正常高效产气。

冬季对正常运行的沼气池补料时，要控制好补加到沼气池中的物料质量。补料量过大，给发酵体系带入过多的冷物料，可使发酵液的温度大幅度降低，影响到微生物的活性，无法提高产气量；而补料量太小虽然不会影响发酵液的温度，但是补加到发酵液中的营养物质较少，起不到补料的目的，同样无法有效地维持较高的产气量和较长的产气时间。

（3）搅拌结论。由本实验得出，搅拌频率为20d/次的实验组能维持较高的产气量和甲烷含量，总产气量比其他实验组的总产气量分别高出23.48%、8.83%、26.49%。每20d对发酵液搅拌一次有助于维持和提高沼气池的产气量。

投料发酵一段时间后，发酵料液通常自然沉淀而分成4层，从上而下分别是浮渣层、上清液层、活性层和沉渣层。这种情况下，厌氧微生物活动旺盛的场所主要集中在活性层，其他层或因可被利用的物料缺乏，或因条件不适宜微生物生长，使厌氧消化进行缓慢。搅拌的目的是为了打破这种分层现象，使活性层扩大到整个发酵液中，使微生物与原料充分接触，加快发酵产气速率，此外，搅拌还有防止沉渣沉淀和浮渣结壳、促进气液分离的作用。但是搅拌的强度要有所控制，冬季沼气发酵要注意保温，如果搅拌强度大，一方面热量散失快，另一方面不利于沼气微生物之间形成发酵微环境，产气量反而不高。适当强度的搅拌不但能扩大活性层的范围，还能使料液中养分均衡，加快消化速率，提高产气量。

（4）补料和搅拌优化正交实验结论。由单因素实验得出，补料量为13%、第49天补料、补料类型为单独牛粪、搅拌频率为20d/次的各个实验组均有加高产气量的表现。通过正交试验得出的最优沼气发酵补料和搅拌频率配比关系为：补料量10%、补料时间第49天、搅拌频率20d/次；如此配料进行沼气发酵，能够得到最高67.42%的甲烷含量。

（5）模拟发酵结论。由本实验得出，在4℃低温下，优化得到的低温沼气发酵工艺参数为：发酵底物浓度13%、配料C/N比27/1，发酵装置接种量38%，补料发酵进行到第49天时，补料量发酵液的10%，补料类型为单独牛粪，搅拌每隔20d一次。通过这个工艺得到的数据可知，沼气发酵启动明显比对照组快，周产气高峰到来的早，总产气量超出对照组36.00%，甲烷含量也明显高于对照组。可见，低温沼气发酵需要一个与常温沼气发酵有别的工艺条件，来适应低温条件下不同的微生物菌群结构和菌体的生理代谢条件需要，另外合理强度的搅拌，能够在工艺方面时提高冬季沼气池的产气量和甲烷含量有所帮助。

二、讨论

在进行本课题实验室小试时，课题组在呼和浩特市北岛拉板村的农户家同时进行户用沼气池发酵运行观察。从中发现，农村沼气池的发酵工艺及管理方面非常粗放，就拿底物的C/N配比来说，多少牛粪添加多少的秸秆，农民基本靠经验，只能将C/N比控制在大致范围内，不像在实验室中可以得到比较精确的数值。

在底物浓度和补料量方面，理论上是底物浓度越大，总产气量就越大，这一点在本实验中也得到了证实。但是高底物浓度，并不一定能提高沼气中甲烷的浓度。赵旭等人研究，底物浓度高，易造成原料结壳和有机酸的大量积累，不利于沼气细菌的生长繁殖，使发酵受阻。我觉得，冬季适当的底物浓度，不仅能提供给发酵细菌充足的养料，使其源源不断地产生沼气，还能在一定程度上减少后续补料工艺中冷物料的补加量，在一定程度上能减少沼气池温度的下降。本实验中补加的物料温度为 4℃，不存在影响原发酵料液温度变化的情况，但是户用沼气池冬季补料时多数补加的是零度以下的原料，这就会影响到沼气池的正常运行。

在搅拌方面，适当强度的搅拌能提高沼气池的产气量和产甲烷量。农村户用沼气池在搅拌方面不如 MASB（升流式厌氧污泥床反应器）等厌氧消化装置做得好。夏季，农民由于要种地施肥，可能会抽出一定量的沼液，然后从进料口补加等量的水，这就无形地完成了搅拌操作。但是冬季农民不需要种地施肥，那么对池中料液的搅拌就难以实现。这也是导致冬季沼气池产气量低的一个重要原因。

本课题研究的主要内容是确定和优化低温（4℃）条件下农村户用沼气池发酵工艺路线，希望能够在工艺控制层面上，为已经建成多年的旧式沼气池提供适合的发酵工艺，为改善和解决北方沼气池冬季产气量低、无法正常使用等问题提供一定的帮助和解决思路，更大限度地实现农村废弃物的有效利用。

第六章 低温沼气菌粉制备

第一节 概述

沼气发酵微生物种类繁多，可分为不产甲烷菌落和产甲烷菌落。不产甲烷微生物菌落主要是一类兼性厌氧菌，从生理功能上又可分为基质分解菌群和挥发酸生成菌群。他们具有水解和发酵大分子有机物而产生酸的功能，在满足自身生长繁殖需要的同时，为产甲烷微生物提供营养物质和能量。产甲烷微生物群落通常被称为产甲烷菌，依照形态特征可分为甲烷杆菌属、甲烷球菌属、甲烷八叠球菌属、甲烷螺菌属。在厌氧条件下，产甲烷菌可利用不产甲烷微生物的中间产物和最终代谢产物作为营养物质和能源而生长繁殖，并最终产生甲烷和二氧化碳等。

影响沼气发酵的主要因素有：温度、酸碱度、沼气池密闭状况。发酵温度是影响沼气发酵的重要因素，在一定温度范围内，发酵原料的分解消化速度随温度的升高而升高，也就是产气量随温度升高而升高。

温度是影响微生物生命活动的重要因素，可根据其生长特性分为低温、中温和高温微生物。在低温环境中生活且仍具有生长能力的微生物称为低温微生物，具有独特的生理机制和特殊的代谢产物。自 1887 年 Forster 分离出可以在 0℃ 条件下生长的微生物以来，科学家已经从许多低温环境下分离出了多种类型能在0℃下生长和繁殖的低温微生物。Mofita 在 1975 年根据最适生长温度上限的不同对耐冷菌（psychrotrophs）和嗜冷菌（psychrophfles）进行了区分（表6-1）。

表 6-1 低温微生物的分类

名称	上限生长温度 T_M（℃）	最适生长温度 T_a（℃）	下限生长温度 T_d（℃）	种类
耐冷菌	$T_M > 20$	$0 \leq T_a \leq 5$	$T_d \leq 0$	真细菌 酵母菌
嗜冷菌	$T_M \leq 20$	$T_a \leq 15$	$T_d \leq 0$	蓝细菌 真菌类

一、真空冷冻干燥技术的历史

在 0℃ 以下的严寒，将洗干净的衣服晾在屋外，很快就会被冻结，但是经过一段时间后，衣服也会变干，这是因为衣物中的结成冰的水升华到空中去了。空气越干燥，空气中的水分压就越低，升华就越快。这可以算是"冷冻干燥"。但是，将冷冻干燥作为一门科学技术还是近一个世纪的事。

在冷冻干燥技术发展初期，有三件事具有里程碑意义。

（1）1933 年美国宾州大学的 S. Mudd 和 E. W. Flosdorf，通过用玻璃器皿构建的系统，最先实现了血清的冷冻干燥。

（2）1938 年，牛津大学的 E. B. Chain 对青霉素实现了冷冻干燥，在第二次世界大战期间冻干的青霉素得到了广泛应用。几年后，冻干成为疫苗保存的一种常用方法。

（3）1938 年，雀巢公司为解决巴西咖啡过剩情况，咖啡的冷冻干燥技术应运而生。

这三件事极大地推动了当时食品和微生物制品冷冻干燥工业的发展。在 20 世纪 30 年代以前，冻干一直被认为是仅仅适用于实验室的一门技术。直到 1935 年第一台商用冻干机问世以后，冻干技术才开始从实验室向工业生产和产品商品化发展。

随着冻干技术的推广，冻干理论和工艺的研究也逐渐新旺起来。Flosdorf 在 1944 年撰写了世界上首部有关冷冻干燥理论和技术的专著；第一届冻干专题讨论会 1951 年在伦敦召开；1963 年美国制定了冻干药品 GMP 生产标准。此后的一段时间冷冻干燥技术没有很大的发展。直到最近 20 多年，由于生物药品快速发展，对冷冻干燥技术提出了许多新的更加严格的要求。

二、真空冷冻干燥的基本过程

冷冻干燥就是将药品预先冻结到共晶点以下，使药品中液态的水变成固态的冰，然后在适当的真空环境下进行冰晶的升华干燥、解析干燥，以除去部分结合水，获得干燥的产品的过程。

1. 水和水溶液的性质

纯的水是单组分体系，相图如图 6-1 所示，相变如表 6-2 所示。相图上有 3 个区域：水、水蒸气和冰，由三条实线分界。OC 是水蒸气和水的平衡线；OB 是冰和水的平衡线；OA 是冰和水蒸气的平衡线。点 O 是冰的三相点。

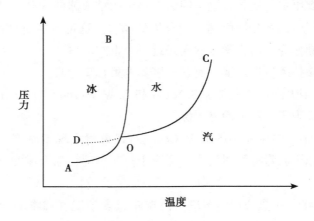

图 6-1　水的三相图

C 点是临界点，在此点液体的密度和蒸汽的密度相同，液态和气态之间的界面消失，对于温度高于临界温度 Tc 的区域，是不能用加压的方法使气体液化，通常称之为气相区。OD 是 CO 的延长线，是水和水蒸气的介质平衡线，代表着过冷水的蒸汽压和温度的关系。

提高压力可以降低水的冰点，还有可能改变冰的结构，甚至形成非晶态。但是在相图上水和冰的并横线 OB 斜率很大，要使冰点有明显的降低，需要很高的压力，这对设备有很高的要求。

表 6-2　水的相变参数

参数	数值
三相点	
温度	273.16K（0.01℃）
压力	610.62Pa
临界点	
温度	647K（374℃）
压力	2.2×10^7Pa
标准大气压下	
沸点	373.15K（100℃）
熔点	273.15K（0℃）

2. 冻结过程

水的冻结过程主要分为冰晶成核阶段和冰晶生长阶段，热力学条件决定冰晶的成核过程，动力学条件决定冰晶的生长过程。结晶过程主要由晶核形成过程和晶粒长大过程一起组成，即冻结过程。物质在冷却过程中，最终形成晶体还是玻璃体，一是由晶体的成核和生长速率、二是由温度下降的速率所决定的。

3. 升华干燥过程

升华干燥，也称为一次干燥，是将冷冻后的物料置于干燥室中，进行加热，同时用冷阱的抽吸作用，物料中的冰晶通过升华变为水蒸气而逸出，使物料脱水干燥。升华过程是从表面逐渐向内完成的，冰晶升华后会产生多孔的干燥层，升华所需要的能量和升华时水蒸气的溢出都是通过干燥层进行的。所以，传热传质在升华的过程中同时发生。物料中的全部冰晶通过升华而被除去时，升华干燥过程结束。此时物料中最初水分的 90% 以上被除去。

4. 解析干燥过程

解析干燥是在真空条件下对已经过升华干燥的物料再进行升温加热，目的是蒸发物料吸附的束缚水；热量主要用于被"束缚"的水的解析和干燥。升华干燥和解析干燥的作用机理是不同的，因此如何判断一次干燥结束和确定开始二次干燥是十分重要的。过早或者过晚进行"切换"，都会造成冻干物料品质的降低或能量和时间的浪费。

5. 冻干物料的储存

冷冻干燥的目的主要是增强制品的稳定性，通过减缓生物生长或化学反应，使制品的生命期延长。但是即使冻干过程结束时冻干制品是稳定的，但在长期的储存过程中也有可能失去活性。为了保证冻干物料的稳定性，就需要确定其适合的储存条件。储存期间影响物料稳定性的因素主要有残余水分含量、储存温度和包装材料等。

三、冷冻干燥保护剂和添加剂

在药品、食品及生物体的冷冻干燥过程及储藏中，许多因素都会影响其中活性组分的稳定性，甚至会导致失活。大量实验显示，可以直接冷冻干燥的只有一些食品、血浆等少数物料，大多数生物制品如药品，都需要预先添加适宜的冻干保护剂和添加剂，才可以有效地进行冷冻干燥和储藏。

保护剂主要有以下几种分类方法：

1. 按保护剂性质和功能分类

（1）冻干保护剂（lyoprotectant）：在预冻和冻干过程中，能够防止活性组分发生不可逆变性的物质，如海藻糖、蔗糖、甘油等。

（2）填充剂：能防止有效组分随水蒸气一起升华，如明胶、甘露醇等。

（3）抗氧化剂（antioxidant）：可防止生物制品在冻干过程中发生氧化变质，如蛋白质水解物、维生素 D 等。

2. 按相对分子量分类

（1）低分子化合物。如蔗糖、谷氨酸、海藻糖等。

（2）高分子化合物。如蛋白胨、明胶、藻类等，以及天然混合物如脱脂牛奶等。

通常，在冻干过程中直接发挥作用的是低分子化合物，而高分子化合物则可以提高低分子化合物的保护作用。所以，保护剂配方的选择，一般多将高、低分子化合物混合使用。

3. 按物质种类分类

如糖/多元醇类（sugars/polyols）、表面活性剂类（surfactants）、氨基酸类（amino acids）、聚合物类（polymers）等。

在生物制品的冷冻干燥保护剂的配方中，有的添加剂只可以起到一种作用而有的添加剂却可以起到多种作用。对添加剂在配方中具体起什么作用，很多时间难以严格区分开来。即使是同一种物质，在不同的冷冻干燥配方中也可能表现出不同的作用。

四、冷冻干燥设备

冷冻干燥设备简称冻干机，其主要类型可分为食品用冻干机、医用冻干机、小型台式试验用冻干机、中试用冻干机、大型生产用冻干机等。无论如何分类，其主体结构均大同小异。冷冻干燥系统主要由冻干箱、冷阱、制冷系统、真空系统、加热系统和控制系统等组成，如图 6-2 所示。

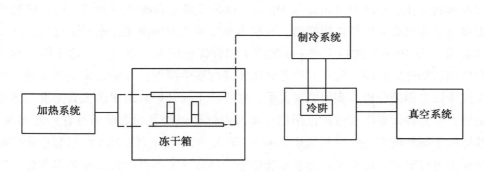

图 6-2 冷冻干燥系统组成的框图

五、真空冷冻干燥的国内外研究进展

1. 真空冷冻干燥的国外研究进展

冷冻干燥技术在 19 世纪初主要用于食品干燥。第二次世界大战期间，由于战争中对抗生素的需求大量增加，极大地促进了冷冻干燥技术在医药上的发展。二战后，由于西方社会化大生产的逐渐深化，生活节奏逐渐加快，促进快餐产业的发展，扩展了冷冻干燥技术在食品工业中的应用。食品的冷冻干燥发展到现在，其工业化生产已经达到相当成熟的地步。近些年来，伴随着医药领域和现代生物技术研究的不断深入，以基因工程制药为主的一个新兴生物制药业产生并蓬勃发展，成为各国制药领域竞争的热点，这就对冷冻干燥提出了更为严格的要求，促使冷冻干燥技术进一步发展。

近几十年间，冷冻干燥技术在理论和应用研究方面都有较快发展。在理论研究方面，外国学者根据不同的物料，提出了许多数学模型来描述真空冷冻干燥过程。有关描述冷冻干燥的数学模型，主要有以下三种：第一种是 1967 年 Sandall 和 King 提出的冰界面后移模型（The Mniformly Retreating Ice Front Model）。第二种模型是 Sunderland 和 Dyre 在 1986 年提出的准稳态模型；第三种是 Lifchield 和 Liapis 在 1979 年提出的解析–升华模型。

冰界面后移模型即 MRIF 模型，这个模型能比较准确地描述升华干燥阶段和此阶段的参数变化，但解吸干燥阶段的干燥过程及参数变化是不能描述的。

解吸–升华模型改进了 MRIF 模型，这个模型可以较准确地描述解析干燥阶段及参数变化。1985 年 Liapis 和 Millman 通过干燥层和冻结层的质量以及能量平衡建立了非稳态的传热传质模型，该模型能比较全面地描述冷冻干燥过程。Lichtfield 等人在 1979 年进行了进一步的冻干过程优化研究，在真空冷冻干燥过程中利用辐射加热的试验，建立非稳态热量传递的数学模型，并通过该模型实现了对冷冻干燥过程的分析。实验结果显示，在冷冻干燥开始时采用最大真空度和热流密度，使其界面温度接近其极限值，然后降低压强使界面温度维持在一定温度，这样冻干物料所需要的时间最短。Nastaj 等人在 2007 年对冷冻干燥过程中传热数学模型进行研究，结果显示此模型能够准确预测冻干物料中含水率和温度分布随时间变化的规律。Tayfun 在 2010 年通过人工神经网络 L-M 训练法分析苹果干燥室温度、含水率、干燥时间、真空度之间的数学关系。研究结果显示，人工神经网络模型预测值与实测值结果吻合度极高，在生产实际中应用此方法预测苹果的冻干过程是可行的。

2. 真空冷冻干燥的国内研究进展

我国真空冷冻干燥技术是在 20 世纪 50 年代初引进的，当时主要应用于科学研究及医学制药领域。70 年代初期，冻干技术开始逐步在食品工业中应用，直到 80 年代后期，由于中国具有丰富的原料市场和大量的廉价劳动力，国外投资者开始在大陆投资建厂生产冻干食品。随着改革开放的深入，我国人民生活节奏加快，速冻食品也越来越受欢迎。

21 世纪以来，随着冻干技术应用范围扩展，国内科研机构相继开展了冷冻干燥技术的研究，国内外学术交流也日益增多，出版了较多有关冷冻干燥技术方面的书籍。

天津大学教授齐锡龄等人在 1996 年通过对真空度与冷冻干燥速率关系的试验，得出真空度是影响冻干速率的主要原因。1997 年清华大学杜小泽等人通过采用不同加热方式对同一物料所产生的传热传质进行了系统的比较和分析。华东理工大学邹惠芬等人在 2004 年建立了可以准确描述角膜干燥传热传质过程的数学模型。2008 年吉林大学徐泽敏教授通过对稻谷冻干工艺参数对含水率的影响进行研究，建立了以含水率下降为目标函数的数学模型，准确地选择了稻谷低温真空干燥工艺参数。谢振文等人在 2010 年通过对柠檬片冻干工艺过程研究，确定了柠檬片冷冻干燥的最佳工艺条件。

六、本章的研究意义

沼气发酵是以废弃物（动物粪便、秸秆等）作为原料，产生可再生的能源，能够有效解决农村能源短缺问题。通过真空冷冻干燥技术将耐低温产甲烷菌制成冻干菌剂，其应用不仅可以解决北方由于冬季气温低而引起的产气不足的问题；又可以实现长期储存，是目前农村户用沼气池推广急待解决的问题。

综上所述，研究低温产甲烷菌的冻干工艺具有重要的理论与实际意义。

第二节　材料与方法

一、材料

1. 菌种来源

实验所用菌种为实验室从呼和浩特市北岛拉板村户用沼气池取样，经低温驯化后所得的菌种。

2. 主要药品及试剂

主要试剂：甘油、磷酸氢二钠、磷酸二氢钠、氯化氨、可溶性淀粉、硫化钠、氯化钠、氯化镁、硫酸铜、脱脂奶粉、硫酸铝钾、硫酸镁、氯化钴、β-环状糊精、硫酸锰、氯化钙、硫酸锌、葡萄糖、硫酸亚铁、蔗糖等，试剂均为分析纯。

硫胺素（B₁）、生物素、KAl（SO₄）₂、叶酸、L-半胱氨酸、青霉素、MgSO₄·7H₂O、CoCl₂、MnSO₄·2H₂O、泛酸钙、核黄素（B₂）、CaCl₂·2H₂O、ZnSO₄·7H₂O、硫辛酸、琼脂糖、酵母粉、FeSO₄·7H₂O、B₁₂、烟酸、对氨基苯甲酸、CuSO₄·5H₂O、H₃BO₃、NaMoO₄·2H₂O等，试剂均为生化试剂。

3. 所需主要仪器及设备

855AC 厌氧培养箱	SIM/美国
GC-7900 型气相色谱仪	上海天美公司
FD5-3 冻干机	SIM/美国
MLS-3750 高压蒸汽灭菌锅	SANYO/日本
BD-SPXD 生化培养箱	南京贝帝实验仪器有限公司
TG16-WS 台式高速离心机	长沙维尔康湘鹰离心机有限公司
YP1200 电子天平	上海恒平科学仪器有限公司

二、低温产甲烷菌菌群的富集

1. 富集培养基

本试验菌体富集以牛粪为培养基，牛粪与水的比例为1∶2（鲜重比例）。将经低温驯化的沼液样品接种到厌氧培养瓶中，接种量为10%，在10℃培养45d，用于离心冻干。

2. CH₄的测定

气相色谱法能够检测出产甲烷菌培养基产生气体中CH₄的存在和含量，所以此方法可以作为培养液中是否含有产甲烷菌的一种鉴定手段。

检测仪器：上海天美公司 GC-7900 型气相色谱仪

检测器：FID（氢火焰检测器）　　　色谱填料柱：TDX-01

载气：高纯氮　　　　　　　　　　　载气流速：40mL/min

空气流速：0.4 kg/cm²H₂　　　　　　流速：0.5 kg/cm²

检测器温度：180℃　　　　　　　　色谱柱温度：150℃

检测时用进样针通过胶塞取培养瓶气相中的气体进样。通过天美GC-7900型气相色谱仪进行甲烷含量的检测，将纯甲烷气体（99.99%，呼和浩特气厂生产）10m1，用空气稀释 100 倍，取 50μL，100μL，150μL，200μL，250μL 进样测峰面积。样品重复 3 次，进样量为横坐标，以 3 次峰面积的平均值为纵坐标，绘制出甲烷气体标准曲线。以后取一定量的样品气体注入 气相色谱仪 检测出峰面积，即可通过做好的标准曲线计算出样品气体中的 CH_4 含量。

3. 产甲烷体积的测定

试验装置：为由发酵瓶（厌氧）与气体收集装置组成的小型发酵装置，通过排水法测量产甲烷菌的产气量。发酵瓶选用由橡胶塞密封的玻璃三角瓶，橡胶塞上有导气口和取样口。厌氧发酵试验装置的结构见图 6-3。

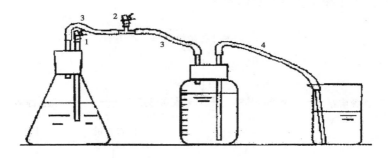

1. 取样口；2. 取气口；3. 导气管；4. 排水管

图 6-3 厌氧发酵装置的结构示意图

4. 测活菌数

产甲烷菌培养基（g/L）：氯化铵 1g、氯化镁 0.1g、半胱氨酸 0.5g、甲酸钠 5g、乙酸钠 5g、磷酸氢二钾 0.4g、磷酸二氢钾 0.2g、酵母膏 2g、胰酶解蛋白 2g、微量元素液 10mL、维生素液 10mL、甲醇 3.5mL。

微量元素液组成（g/L）：$MgSO_4 \cdot 7H_2O$ 3.0g、$CoCl_2$ 0.1g、$MnSO_4 \cdot 2H_2O$ 0.5g、$CaCl_2 \cdot 2H_2O$ 0.1g、$ZnSO_4 \cdot 7H_2O$ 0.1g、$NaCl$ 1.0g、$FeSO_4 \cdot 7H_2O$ 0.1g、$CuSO_4 \cdot 5H_2O$ 0.01g、$KAl(SO_4)_2$ 0.01g、H_3BO_3 0.01g、$NaMoO_4 \cdot 2H_2O$ 0.01g。

维生素溶液组成（mg/L）：硫胺素（B_1）5.0mg、泛酸钙 5.0mg、叶酸 2.0mg、B_{12} 0.1mg、烟酸 5.0mg、核黄素（B_2）5.0mg、生物素 2.0mg、对氨基苯甲酸 5.0mg、硫辛酸 5.0mg。

维生素溶液和微量元素溶液配制好后通过 0.22μm 微孔过滤膜过滤除菌，然后放入冰箱（4℃）待用。

计数方法采用 MPN（most probable number）计数法，根据没有产甲烷气体最低稀释度与产生甲烷气体的最高稀释度，采用"最大或然数"理论，可以计算出单位体积中产甲烷菌的活菌数。取 1mL 培养液，加入 9mL 培养基中，逐级稀释到 10^{-10}，每个梯度三个重复。接种完毕后通入 H_2 和 CO_2（H_2：CO_2 = 4：1），放入 10℃培养箱中进行培养。15d 后对甲烷含量进行测定。

三、冻干工艺

真空冷冻干燥工艺流程见图 6-4：

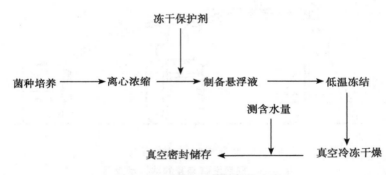

图 6-4 真空冷冻干燥工艺流程

1. 离心条件的选择

本实验选择了 2 组不同离心时间（分别为 10min、20min）和 3 组不同的离心转速（分别为 3 000r/min、5 000r/min、7 000r/min）对产甲烷菌菌液进行离心，通过对离心过程中活菌死亡率和活菌随上清液流失率的关系研究离心时间、离心转速对菌液离心收得率与损失率的影响，获得较高活菌收率的适宜离心条件。

$$离心损失率（\%）= \frac{初始活菌数 - 沉淀中活菌数}{初始活菌数} \times 100$$

$$离心收得率（\%）= \frac{沉淀中活菌数}{初始活菌数} \times 100$$

在上述公式计算中，离心获得细胞活菌测定时，必须用产甲烷菌培养基将离心获得的细胞稀释到体积与离心前菌液体积相同。

2. 冷冻干燥工艺

在 5 000r/min 条件下将培养一定时间的产甲烷菌菌液离心 10min，将等体积浓度为 10% 的脱脂奶粉与收集到的菌体细胞混匀，装于培养皿中（每个培养皿装30mL 冻干悬浮液，厚度约 50mm），−80℃ 预冻 24 h，进行真空干燥（冷阱温度−55℃，真空度 5－10 mTorr），每 4h 取一次样，测定样品中含水量，确定冻干50mm 厚度悬浮液适宜的冻干时间。

3. 冻干菌粉残余水分含量的测定

采用重量测量法（gravimetric method）测定冻干菌粉残余水分含量。预先称空瓶质量 G0；然后将冻干菌悬液放入瓶中，在电子天平上称得质量 G1；放入干燥箱中，干燥 8h，再次称的质量 G2，被测物料含水量（%）由以下公式计算：

$$含水量（\%）= \frac{G1-G2}{G1-G0} \times 100$$

四、冻干保护剂实验

本实验根据产甲烷细菌的生物学特性，先进行单因素的保护剂筛选试验，然后根据高分子化合物保护剂与小分子化合物保护剂相结合利用的原则，进一步筛选复合保护剂。

本实验中选择的保护剂有：甘油、蔗糖、脱脂奶粉、可溶性淀粉、葡萄糖、β-环状糊精。

将上述几种保护剂用无菌水配成不同浓度，分别与离心后的菌体细胞等体积混合，进行真空冷冻干燥。离心条件和冻干工艺参数都选择已有实验结果中最佳的条件，分别在冻干前后测定活菌数，计算冻干存活率，以确定各种冻干保护剂的效果，并作为后续实验中复合保护剂配方选择的基础。

五、菌剂常温、低温保存性实验

将制得的冻干菌粉装入灭菌的塑料袋中。分别在 4℃ 和 25℃ 及真空和常压两种条件下保存，每 1 个月测一次活菌数，考察冻干菌粉的长期稳定性。

六、模拟发酵实验

将冻干菌粉，加入牛粪培养基（牛粪和水 1：1 混合）中，按 10% 液体活菌数加入，以未冻干的菌液作为对照，培养 45d，测定其产气量，考察冻干后对产甲烷菌产气能力的影响。

第三节 结果与分析

一、离心条件选择结果

表6-3 离心时间、离心条件对产甲烷菌离心效果的影响

转速 （r/min）	时间 （min）	初始活菌数 （cfu/mL）	沉淀中活菌数 （cfu/mL）	离心损失率 （%）	离心收得率 （%）
3 000	10	8.37×10^8	6.71×10^8	31.46	68.54
3 000	20	8.37×10^8	6.32×10^8	34.29	65.71
5 000	10	8.37×10^8	6.82×10^8	26.47	73.53
5 000	20	8.37×10^8	6.43×10^8	33.27	66.73
7 000	10	8.37×10^8	5.97×10^8	30.39	69.61
7 000	20	8.37×10^8	5.42×10^8	37.94	62.06

菌体的离心是制备活菌菌剂重要的工艺环节，合适的离心条件的选择是成功制备菌剂的关键。首先，由于离心力作用的影响，必然会导致部分菌体死亡。其次，一部分菌体会残留在上清液中。如果离心工艺选择不合适，菌体的流失率和死亡率随之升高，活菌收得率大大下降，直接导致最终制得的菌剂活菌含量低而影响产品质量。

从表6-3中可知，在5 000r/min（10min）条件下，产甲烷菌收得率最高，在7 000r/min（20min）条件下，收得率最低。从图6-5可知，在相同时间下，随离心转速的增大离心收得率先升高后降低；在相同转速下，10min 的收得率要比 20min 的收的率高。这表明尽管离心时间的增长可以减少细胞随上清液的流失，但菌体的死亡率增加更大。离心转速选择在 3 000~5 000r/min 时，不仅可以有效地降低菌体上清液的流失和细胞损失，且菌体的死亡率较低。在 5 000~7 000r/min 时，对菌体死亡的影响要大于菌体随上清液流失的影响，因此产甲烷菌的离心条件应选择为 5 000r/min（10min）。

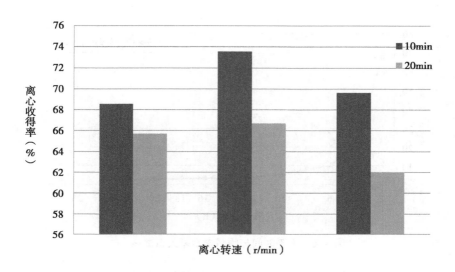

图 6-5　离心转速和离心时间对收得率的影响

二、冷冻干燥工艺的确定

长期稳定地保持生物活性是冷冻干燥的目的，适宜的残余水分量是影响活性保持的重要因素。通过文献可知，绝大多数冻干生物制品要求的剩余含水量应控制在 1.0%~3.0%（质量分数），太多太少都会直接影响到冻干产品的质量。

冻干产品的含水量由冷冻干燥时间决定，而冻干物料的厚度则决定了冷冻干燥时间。为了达到冻干产品的适宜含水量，就必须对冻干时间和物料厚度的关系进行试验，确定合理冷冻干燥工艺。

从图 6-6 中可以看出，在干燥前期，物料含水量下降很快，6h 时可下降到10%左右，后期含水量下降较慢，含水量下降到 2.3% 用了 14h，主要是因为干燥前期是"自由水"的升华，快速且容易干燥；干燥后期，"自由水"已经升华完全，主要是细胞内"结合水"的升华，由于细胞失去"结合水"要远难于"自由水"，所以升华速度明显减慢。实验结果显示，对于冻干约 5mm 厚度的物料，采用 FD5-3 冻干机（SIM）冻干时，含水量达到 1%~3% 需要 20~24h。因此，以后实验都采用冻干厚度为 0.50cm，干燥时间 22h 的工艺条件。

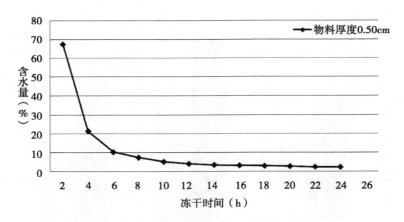

图 6-6　冻干时间与物料含水率关系曲线

三、单因素保护剂实验结果

1. 不同浓度的甘油对产甲烷菌冻干存活率的影响

甘油是一种小分子化合物保护剂，具有良好渗透性，可以渗透到细胞内部，通过羟基与胞内大分子形成氢键，替代由水分子形成的氢键，使生物体中的蛋白质、脂肪等其他大分子物质在干燥条件下仍能维持原有结构，维持生物活性。山东省科学院生物研究所楚杰等人发现，在冷冻干燥中，甘油浓度过高容易造成冻干样品发粘，很难干燥。

本实验选择了 2%，5%，10%不同浓度甘油作为产甲烷菌的冻干保护剂进行冷冻干燥，并以加入无菌水的样品作为对照。

从图 6-7 中可以看出，添加甘油作为保护剂，冻干后菌体细胞存活率比对照组有较大提高，可以看出不同浓度的甘油对菌体的保护效果不同，其中甘油浓度为 5%时保护效果最好，产甲烷菌存活率可达到 15.43%。随甘油浓度的增加，冻干后菌体细胞存活率并不是一直线性增加，而是先增后降。这是因为甘油的羟基可与细胞表面的自由基联接，还能与蛋白质形成氢键以取代水形成的氢键，避免了菌体暴露在空气中，以确保蛋白质的稳定性。

此外，甘油还具有很强的持水性，能够使细胞在干燥过程中不会因为水分升

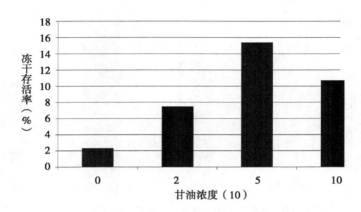

图6-7　不同浓度甘油对产甲烷菌冻干存活率的影响

华太快而引起细胞蛋白质结构的破坏。但当甘油浓度增加到一定程度时，其对蛋白质的稳定能力可能达到了极限，过高浓度甚至可能在冻干过程中使菌体细胞蛋白质变质。

2. 不同浓度的脱脂奶粉对产甲烷菌冻干存活率的影响

脱脂奶粉是常见的高分子混合保护剂，溶于水后使菌悬液呈过冷状态，可使在冰点下的相同温度中菌悬液溶质浓度变小且蛋白质盐析变形程度较弱。脱脂奶粉对冻干的保护作用机制主要为：可有效减少菌体暴露在氧气和介质中的面积，且在菌体表面形成保护层。

冷冻干燥时，奶粉中的乳清蛋白通过在菌体外形成蛋白膜对细胞加以保护，防止由于细胞壁蛋白质损坏而引起的胞内物质泄漏，而且乳中其他成分（如乳糖等）同样可提高菌体的冻干存活率。脱脂奶粉主要在细胞表面起保护层作用。但是在脱脂奶粉浓度过高时，菌体表面完全被保护剂覆盖，奶粉中的乳糖会对细胞造成损伤使冻干存活率下降。

本实验选择了5%，10%，15%三种不同浓度的脱脂奶粉用作产甲烷菌冻干保护剂进行冷冻干燥，并以添加无菌水的样品作为对照。

从图6-8可以看出，在产甲烷菌冻干过程中脱脂奶粉对菌体有较好的保护作用。10%的脱脂奶粉能够使产甲烷菌的存活率在冻干后达到38.57%。这是由于脱脂奶粉在菌体表面形成保护层，减少了细胞暴露在氧气和介质中的面积而起保

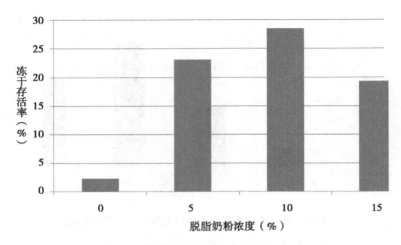

图 6-8　不同浓度脱脂奶粉对产甲烷菌冻干存活率的影响

护作用。但脱脂奶粉浓度达到 15% 时，存活率又有所下降，可能是由于过高浓度的奶粉中乳糖对菌体细胞造成损伤，导致冻干存活率降低。

3. 不同浓度的糖类（蔗糖、葡萄糖）对产甲烷菌冻干存活率的影响

低分子糖类保护剂被用作于许多生物制品的冷冻干燥中，这是由于糖类物质上的羟基与细胞膜磷脂上的磷酸基团联接形成氢键，进而阻止降低相变温度和细胞膜因失水而融合，达到防止蛋白质变性的目的。有关糖类作用机理主要有两大学说，"水替代假说"和"玻璃态假说"。两种学说从不同角度阐述了糖类在真空冷冻干燥过程中的原理。

本实验将蔗糖、海藻糖配制成 5%、10%、15% 三种不同浓度作为产甲烷菌冻干保护剂进行真空冷冻干燥，以无菌水作对照。所得结果如图 6-9 所示。

从图 6-9 中可以看出，在产甲烷菌冻干过程中葡萄糖和蔗糖有一定的保护作用。当浓度为 10% 时，产甲烷菌存活率最高分别为 19.72%、28.43%，当浓度继续升高时，其活菌率下降。蔗糖的保护效果明显比葡萄糖的高。

在溶液中蔗糖通过结合水分子发生水合作用，从而减缓晶核的生长速率且形成的冰晶较小，达到保护细胞的目的。当蔗糖浓度过高时，会使冻结过程中细胞间隙内液体逐渐浓缩、电解质浓度增加和引起溶质损伤效应，最终导致细胞脱水

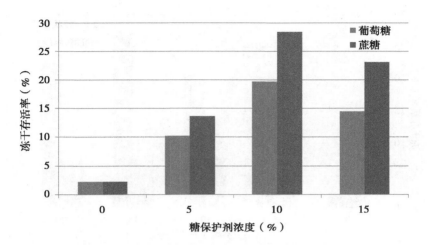

图6-9　不同浓度糖类保护剂对产甲烷菌冻干存活率的影响

死亡。

4. 不同浓度的聚合物类保护剂对产甲烷菌冻干存活率的影响

由简单小分子经过聚合反应所形成的大分子物质被称为聚合物。其相对分子质量通常相当大，可能含数千到数十万个原子。有的聚合物形成链状，有的形成网状。通常情况下，聚合物保护剂在冷冻干燥配方中具有以下性质。

①聚合物具有一定的表面活性且在冻结过程中优先析出；

②在蛋白质分子间产生"位阻"（steric hindrance）作用；

③提高溶液黏度；

④显著提高玻璃化转变温度；

⑤抑制小分子赋形剂（如蔗糖）的结晶和溶液 pH 值的降低。

在冷冻干燥过程中，聚合物类保护剂具有两种作用：脱水保护剂和低温保护剂的作用。本实验选择了2种聚合物类保护剂：可溶性淀粉和 β-环状糊精。分别配制成5%、10%、15%、20%四种不同浓度作为产甲烷菌的冻干保护剂，进行真空冷冻干燥，实验结果如图6-10所示。

从图6-10可以看出，冷冻干燥过程中两种聚合物类保护剂对菌体存活率的影响有明显的不同。本实验中 β-环状糊精对产甲烷菌的保护作用不明显，最高

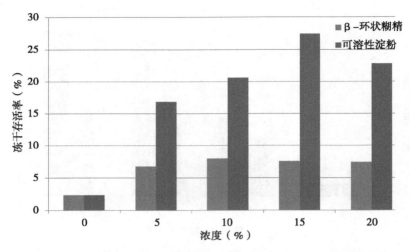

图 6-10　不同浓度聚合物类保护剂对产甲烷菌冻干存活率的影响

存活率为 7.94%，只比对照组高了约 5%，其保护效果不明显，不适合做产甲烷菌的冻干保护剂；可溶性淀粉要比 β-环状糊精保护效果好很多，最大存活率达到 27.41%。可溶性淀粉是一种大分子多糖，具有环状孔洞分子结构，不仅可以防止细胞在干燥收缩变硬，而且可以改善外观品质并提高产品复水率。

四、冻干保护剂复配结果

不同保护剂对菌种冻干过程的保护效果是有差异的，单一保护剂难以满足冻干的要求，因此在冻干过程中通常按一定比例混合使用。复配保护剂中各种保护剂在冷冻干燥中既有协同作用又有其特殊的作用。在复配保护剂中各保护剂的浓度及比例适宜时，会大大提高冻干过程中的活菌存活率并在储藏期间维持较高的活菌存活率。

单因素保护剂冻干实验显示，几种产甲烷菌冻干保护剂在最佳浓度条件下，保护效果顺序为：脱脂奶粉>蔗糖>可溶性淀粉>葡萄糖>甘油>β-环状糊精。然而，即便是最佳浓度的脱脂奶粉，产甲烷菌的冻干存活率也才 38.57%，很难达到工业化生产的要求。因此，需要通过多种保护剂复配来实现更高的活菌率。根据高分子化合物保护剂与低分子化合物保护剂相结合的原则来进行复配，确定产甲烷菌冻干复合保护剂的配方。根据单因素保护剂实验结果，对冻干产甲烷菌效果较好的：小分子化合物保护剂有蔗糖和葡萄糖；大分子化合物保护剂有可溶性淀粉和脱脂奶粉。

从上述实验结果选择脱脂奶粉和蔗糖作为基础保护剂配方，通过实验选择这两种保护剂适宜比例，再在此基础上添加葡萄糖和可溶性淀粉。实验中发现，10%的脱脂奶粉有很高的冻干存活率，确定脱脂奶粉的浓度为10%，而蔗糖的浓度由实验结果确定。结果如表6-4。

表6-4 不同浓度配比的基础保护剂配方对产甲烷菌活菌率的影响

浓度配比（脱脂奶粉∶蔗糖）	冻干存活率（%）
2∶1	69.73
1∶1	58.34
2∶3	47.27

从表6-4中可以看出，在脱脂奶粉和蔗糖两种保护剂混合后，冻干效果比单因素保护剂有了很大提高。说明两种保护剂都在起作用，相互间还有协同作用，提高了保护效果。表中可以知道脱脂奶粉和蔗糖为2∶1时，冻干存活率最高。所以基础保护剂选择脱脂奶粉和蔗糖浓度分别为10%和5%。

以上述配比保护剂为基础，分别添加5%的甘油、10%葡萄糖、15%可溶性淀粉，制备冻干菌粉，测产甲烷菌存活率，结果如表6-5。

表6-5 复合保护剂对产甲烷菌冻干活菌率的影响

保护剂种类	冻干存活率（%）
基础保护剂	69.73
基础保护剂+10%葡萄糖	70.62
基础保护剂+15%可溶性淀粉	78.97
基础保护剂+10%葡萄糖+15%可溶性淀粉	79.62

从表6-5中可以看出，在添加了10%葡萄糖和15%的可溶性淀粉之后，冻干活菌率有了进一步的提高。添加了15%可溶性淀粉要比添加10%的葡萄糖冻干效果要好；但是和添加了两种保护剂的冻干存活率结果相差不大；从经济成本来

选择，选择基础保护剂+15%可溶性淀粉作为产甲烷菌的复活保护剂配方，即10%脱脂奶粉+5%蔗糖+15%可溶性淀粉。

五、菌剂保存性实验结果

将最终制得的冻干菌粉分别装入灭菌的塑料袋中，分别在真空和常压及室温和4℃两种条件下储存，测试冻干菌粉在储存过程中的稳定性。其结果见表6-6及图6-11。

表6-6　冻干产甲烷菌菌粉活菌数随储存时间的变化

储存条件		活菌数变化（cfu/g）				
		原始	30d	60d	90d	120d
真空	常温	$4.2×10^{10}$	$3.52×10^{10}$	$2.76×10^{10}$	$1.94×10^{10}$	$9.7×10^{9}$
	4℃	$4.2×10^{10}$	$3.94×10^{10}$	$3.76×10^{10}$	$3.51×10^{10}$	$3.34×10^{10}$
常压	常温	$4.2×10^{10}$	$9.76×10^{9}$	$4.53×10^{9}$	$2.17×10^{9}$	$8.65×10^{8}$
	4℃	$4.2×10^{10}$	$2.19×10^{10}$	$1.17×10^{9}$	$9.87×10^{9}$	$4.56×10^{9}$

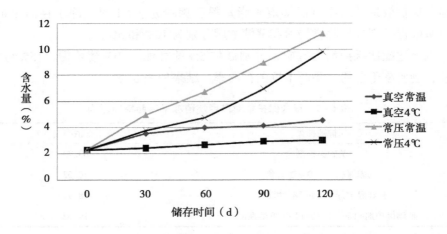

图6-11　冻干产甲烷菌菌粉含水量随储存时间的变化

由表6-6和图6-11可以看出，冻干菌粉随储存时间的加长，其活菌数在下降，含水量逐渐上升。在真空、4℃条件下储存保藏时，细胞存活率和含水量变化最小，4个月后的细胞存活率仍为原来的80%，储存效果好，适合作为产甲烷菌菌粉的储存方式。在常压常温下储存，活菌数下降严重且含水量升高明显，4个月后的细胞存活率仅为原来的10%，表明此方法不适用于产甲烷菌菌粉的储存。

在真空条件下储存，细胞存活率和含水量变化要小于常压储存，细胞稳定性较好。这是因为在常压储存过程中氧气会与菌体细胞中的活性基团结合产生不可逆的氧化反应，导致活菌率下降。4℃储存活菌稳定性要优于常温条件储存稳定性，这是由于蛋白质分子活动性随温度增加而增强，加快了蛋白质之间的相互作用，导致蛋白质变性。

六、模拟发酵实验结果

沼气发酵是否正常及沼气发酵效率都与沼气发酵中产甲烷菌的种类和数量有关。产甲烷菌数量过低会引起沼气发酵不正常或者不产气。所以以模拟发酵实验以冻干菌粉和未经过冻干的菌液的产气量作为对比，来确定冻干过程中对产甲烷菌的影响。

将冻干好的产甲烷菌菌粉加入牛粪培养基中，10℃培养30d（200mL水，100g鲜牛粪），每3d检测一次甲烷含量和气体产生量，以未经过冻干的富集菌液作为对比。

从图6-12和图6-13中可以看出，冻干过后的菌粉产生的气体甲烷含量和菌液产生的基本一致，但是其产气量要低于未经过冻干的菌液，但相差较少，可能是由于冻干过程中非产甲烷菌大量死亡，导致产甲烷菌底物不足。

第四节 结论与讨论

一、结论

（1）通过研究离心时间和离心转速对产甲烷菌的影响，确定最优离心条件：5 000r/min转速和10min离心时间。产甲烷菌在此离心条件下，可获得较高的离心收得率，为73.53%。

（2）通过对冻干时间和物料含水率的关系实验，确定了冻干0.5cm厚度物

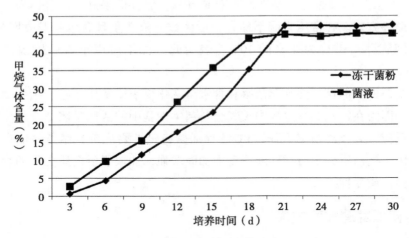

图 6-12　培养时间与甲烷气体含量的关系

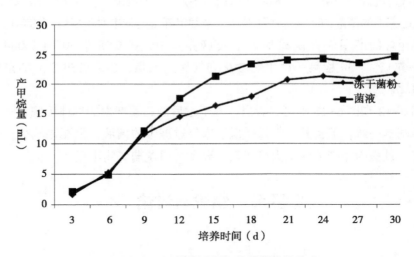

图 6-13　培养时间与产甲烷量的关系

料所需时间为 22h，其含水率为 2.3%，在冻干制品适宜含水率之间（1%~3%）。

（3）本实验分别对甘油、葡萄糖、蔗糖、脱脂奶粉、可溶性淀粉、β-环状糊精这 6 种保护剂对产甲烷菌冻干存活率的影响进行了实验，得到了各种保护剂的最佳浓度。甘油的最适浓度为 5%，蔗糖、β-环状糊精、脱脂奶粉和葡萄糖最佳浓度为10%，可溶性淀粉的最佳浓度为15%。又用脱脂奶粉和蔗糖作为两种基础保护剂，通过比较不同浓度的配方，结果表明10%脱脂奶粉+5%蔗糖组成的基础保护剂有较高的冻干活菌存活率。又在基础保护剂中加15%的可溶性淀粉，确定了复合保护剂最终配方，冻干菌粉冻干存活率达到78.97%。

（4）冻干后的产甲烷菌菌粉装入灭菌的塑料袋中，在真空条件下4℃储存。4个月后，冻干菌粉中活菌数降低了20%，含水量升高到3.01%，细胞活性较高，说明此方法较适合产甲烷菌冻干菌粉的储存。

（5）模拟发酵实验结果显示，冻干菌粉和未经过冻干的菌液在甲烷含量和产甲烷量两个指标上均没有明显的差别，说明此冻干工艺比较适合这种菌液的冻干。

二、讨论

生物制品的冻干过程是一个多步骤过程，通过低温、冷冻和脱水等效应进行物料的干燥。即便能够成功地完成冷冻干燥过程，在储存过程中也难以保证冻干制品活性组分的稳定性。所以，为了防止冻干菌粉在储藏过程中活性组分发生变性，就需要在冷冻干燥前加入一些有效的冷冻保护添加剂。冷冻保护剂在生物学方面考虑，要求无毒性，冷冻升华时起泡较少；且在冻干过程中起保护作用和在存储中有利于菌活性的保持。在生产成本方面考虑，冻干保护剂需要廉价、易得。

保护剂是通过保护细胞的化学结构来实现保护作用的。亲水性的小分子可以穿透细胞膜渗入到细胞内抑制冰晶形成、减缓冰晶生长，达到降低冷冻对细胞损伤的目的。高分子保护剂具有很强的亲水性，通过与细胞的羟基结合形成氢键，防止水分的转移来保护细胞结构。

第七章　户用沼气池的设计

　　沼气是各种有机物在隔绝空气并在适宜的温度和湿度下经过微生物的发酵作用而产生的一种可燃性的气体。

　　沼气含有多种混合物，一般含甲烷 50% ~ 70%，其余为二氧化碳和少量的氮、氢和硫化氢等。沼气除直接燃烧用于炊事、烘干农副产品、取暖、照明和气焊等外，还可作为发动机燃料以及生产甲醇、福尔马林、四氧化碳等的化工原料。经沼气装置发酵后排出的料液和沉渣含有丰富的营养物质，可用作肥料和饲料。

　　利用农村的生活垃圾、人畜粪便、生活污水以及食物加工后的废渣脏水等制取沼气可以节约石化能源，降低生产加工成本，清洁环境。在利用农业和食品加工业等产生的废渣残水、农作物秸秆、人畜粪便、河流池塘的活性污泥等的沼气制取过程中可以消灭病虫卵，防止一些疾病的传播。沼气残渣还能提高肥效，施用后提高土壤保水保肥的能力。发展沼气工程有助于促进农业健康发展，发展前途广阔。

　　固定拱盖水压式沼气池有圆筒形、球形、椭球形三种池型。这种池型的池体上部气室完全封闭，随着沼气不断地产生，沼气压力随之提高。这个不断增高的气压，致使沼气池内的一部分料液进到与池体相通的水压间内，使得水压间内的液面升高。这样一来，水压间的液面与沼气池体内的液面就产生了一个水位差，这个水位差就叫做水压。用气时，沼气开关打开，沼气在水压下排出；当沼气减少时，水压间的料液又返回池体内，使得水位差不断下降，导致沼气压力也随之相应降低。这种利用部分料液来回窜动，引起水压反复变化来贮存和排放沼气的池型，就称之为水压式沼气池。

水压式沼气池，是我国推广最早、数量最多的池型，是在总结"三结合"、园、小、浅、"活动盖""直管进料""中层出料"等群众建池的基础上，加以综合提高而形成的。"三结合"就是厕所、猪圈和沼气池连成一体，人畜粪便可以直接打扫到沼气池里进行发酵。

沼气发酵具有很多优点：沼气发酵可产生有用的终产物—甲烷，它是清洁方便的燃料；在沼气发酵过程中杂草种子和一些病原物被杀灭；发酵过程中 N、P、K 等肥料成分几乎全部得到保留，一部分有机氮被水解成氨态氮，速效性养分增加；消化后残渣是一种气味很小的固体或流体，不吸引苍蝇或鼠类，可以作为饲料肥料；沼气发酵处理有机物可以大量地节约曝气消化所消耗的能量；厌氧活性污泥可保存数月而无需投加营养物，当再次投料时可很快启动等等。所以，沼气发酵非常适合在农村地区推广使用。

户用沼气池通常有两种容积：$8m^3$ 和 $10m^3$。本章以 $8m^3$ 为例来进行设计。

第一节　$8m^3$ 户用沼气池的设计

一、设计参数

（1）气压。7 480Pa（即 80cm 水柱）。

（2）池容产气率。池容产气率指每立方米发酵池容积一昼夜的产气量，单位为 m^3 沼气/（m^3 池容·d）。我国通常采用的池容产气率包括 0.15、0.2、0.25 和 0.3 几种。

（3）贮气量。气箱内的最大沼气贮气量。农村家用水压式沼气池的最大贮气量以 12h 产气量为宜，其值与有效水压间的容量相等。

（4）池容。指发酵间的容积。农村家用水压式沼气池的池容积一般有 $4m^3$、$6m^3$、$10m^3$ 等几种。

（5）投料率。最大投入的料液所占发酵间容积的百分比，一般在 85%~95% 为宜。

二、工艺流程设计

沼气发酵工艺类型比较多，我国农村普遍采用的是下述两种工艺：自然温度半批量投料和连续投料的发酵工艺。

（1）自然温度半批量投料发酵工艺。这种工艺的发酵温度随自然温度变化而变化，采用半批量方式投料。其发酵期因季节和农用情况而定，一般为5个月左右，运行中要求定期补充新鲜原料，以免造成产气量下降，该工艺的主要缺点是出料操作劳动量大。

（2）自然温度连续投料发酵工艺。这种工艺是自然温度下，定时定量投料和出料。能维持比较稳定的发酵条件，使沼气微生物区系能够稳定保持，逐步完善原料消化速度，提高原料利用率和沼气池负荷能力，达到比较高的产气率；工艺自身能耗较少，简单且方便，容易进行操作。

三、厌氧发酵的设计

1. 发酵间的容积

$V = 8m^3$

2. 发酵间各部分尺寸确定

沼气池的直径根据题目要求及经验和平面设计，确定为

将 $\dfrac{f_1}{D} = \dfrac{1}{5}$、$\dfrac{f_2}{D} = \dfrac{1}{8}$、$H = \dfrac{D}{2.5}$、$R = \dfrac{D}{2}$ 分别代入

$$v_1 = \frac{\pi}{6}f_1(3R^2 + f_1^2)$$

$$V_2 = \frac{\pi}{6}f_2(3R^2 + f_2^2)$$

$$V = \pi R^2 H$$

得：

$$V_1 = \frac{\pi}{6} \times \frac{D}{5}\{3 \times (\frac{D}{2})^2 + (\frac{D}{5})^2\} = 0.0827D^3$$

$$V_2 = \frac{\pi}{6} \times \frac{D}{8}\{3 \times (\frac{D}{2})^2 + (\frac{D}{8})^2\} = 0.0501D^3$$

$$V_3 = \pi(\frac{D}{2})^2 \times \frac{D}{2.5} = 0.3142D^3$$

$$V = V_1 + V_2 + V_3 = 0.0827D^3 + 0.0501D^3 + 0.3142D^3 = 0.4470D^3$$

$$D = \sqrt[3]{\dfrac{8}{0.4470}} = 2.616$$

①发酵间池盖削球体矢高和净容积。

a. 池盖削球体矢高：

$$f_1 = \dfrac{D}{a_1}$$

其中，

f_1 为池盖削球体矢高，m；

D 为圆柱体池身直径，m；

a_1 为直径与池体矢高的比值，取 5；

通过计算，$f_1 = 0.5232$。

b. 池盖削球体净容积。

$$Q_1 = \dfrac{\pi}{6} f_1 (3R^2 + f_1^2)$$

其中，

π 为圆周率，取 3.14；

f_1 为池盖削球体矢高，0.5232m；

R 为池身圆柱体内半径，1.308m；

Q_1 为池盖削球体净容积，m^3。

$$Q_1 = \dfrac{3.14}{6} \times 0.5232\{3 \times (1.308)^2 + (0.5232)^2\} = 1.480$$

②发酵间池底球体矢高和净容积。

a. 池底球体削球体矢高。

$$f_2 = \dfrac{D}{a_2}$$

其中，

f_2 为池底削球体矢高，m；

D 为池身圆柱体直径，2.616m；

a 为直径与池底矢高的比值，取 9；

通过计算，$f_2 = 0.2907$。

b. 池底削球体净容积。

$$Q_3 = \frac{\pi}{6} f_2 (3R^2 + f_2^2)$$

其中,

f_2 为池体削球体矢高, 0.2907m;

Q_3 为发酵间池底削球体净容积, m^3;

π 为圆周率, 取 3.14。

则:

$$Q_3 = \frac{3.14}{6} \times 0.2907 \{3 \times (1.308)^2 + (0.2907)^2\} = 0.7937$$

3. 发酵间池身圆柱体容积和池墙高度

① 发酵间池身圆柱体容积

$$Q_2 = V - Q_1 - Q_3$$

其中,

Q_1 为池盖削球体净容积, 1.408m;

V 为发酵间总容积, $8m^3$;

Q_2 为发酵间池身圆柱体容积, m^3;

Q_3 为发酵间池底削球体净容积, $0.7937m^3$。

则:

$$Q_2 = 8 - 1.408 - 0.7937 = 5.7983$$

② 发酵间池身圆柱体高度。

$$H = \frac{Q_2}{\pi R}$$

其中,

π 为取 3.14;

R 为发酵间池身圆柱体半径, 1.409m;

H 为发酵间池身圆柱体高度, m。

则:

$$H = \frac{5.7983}{(3.14 \times 1.308)} = 1.412$$

4. 发酵间内总面积

$S = S_1 + S_2 + S_3$

其中，

S 为总表面积，m^2；

S_1 为池盖削球体内表面积，m^2；

S_2 为池身圆柱体内表面积，m^2；

S_3 为池底削球体内表面积，m^2。

① 盖削球体球面内表面积。

$S_1 = \pi(R^2 + f_1^2)$

其中，

S_1 为池盖削球面内表面积，m^3；

R 为池身圆柱体半径，1.308m；

f_1 为池盖削球体面矢高，0.5232m；

π 为圆周率，取 3.14。

则：

$S_1 = 3.14(1.308^2 + 0.5232^2) = 6.232$

② 圆柱体池身内表面积。

$S_2 = 2\pi RH$

其中，

S_2 为池身圆柱体内表面积，m^3；

R 为池身内圆柱体内半径，1.308m；

H 为池身圆柱体高度，1.412m；

π 为圆周率，取 3.14。

则：

$S_2 = 2 \times 3.14 \times 1.308 \times 1.412 = 11.599$

③ 池底削球体内表面积。

$S_3 = \pi(R^2 + f_2^2)$

其中，

S_3 为池底削球体内表面积，m^3；

f_2 为池底削球面矢高，0.2907m；

R 为池身圆柱体内半径，1.308m；

π 为圆周率，取 3.14。

则：

$S_3 = 3.14 * \{1.308^2 + 0.2907^2\} = 5.637$

故，发酵间总表面积：

$S = S_1 + S_2 + S_3 = 6.232 + 11.599 + 5.637 = 23.468$

四、进料口的设计

进料口由上部长方形槽和下部圆管组成，其中上部长方形槽几何尺寸是长×宽×高 = 600mm × 320mm × 500mm；下部圆管采用ϕ 300 预制混领土管，管与池墙角为 30°。

（1）死气箱拱的矢高。

$f_{死} = h_1 + h_2 + h_3$

其中，

h_1 为池底拱顶点到活动盖下缘平面的距离，该值一般在 10~15cm，取 15cm；

h_2 为导气管下露出长度，取 5cm；

h_3 为导气管下口到液面距离，一般取 25cm。

则：

$f_{死} = 15 + 5 + 25 = 45cm = 0.45m$

（2）死气箱容积。

$$V_{死} = \pi f_{死}^2 \left(p_1 - \frac{f_{死}}{3} \right)$$

其中，

$V_{死}$ 为死气箱容积；

$f_{死}$ 为死气箱矢高；

P_1 为池盖曲率半径。

则：

$$V_{杀} = 3.14 \times 0.45^2 \times \left(1.9575 - \frac{0.45}{3} \right) = 1.15$$

（3）投料率。

$$投料率 = \frac{(V - V_{死})}{V} \times 100\%$$

$$投料率 = \frac{(8.0 - 1.16)}{8.0} \times 100\% = 85.5\%$$

（4）最大贮气量。

$V_{贮} = 池容 \times 池容产气率 \times 0.5$

$V_{贮} = 8.0 \times 0.2 \times 0.5 = 0.8 m^3$

（5）气箱总容积。

$V_{气} = V_{死} + V_{贮}$

其中，

$V_{气}$为沼气池气箱总容积；

$V_{死}$为死气箱总容积；

$V_{贮}$为有效箱容积。

则：

$V_{气} = 1.16 + 0.8 = 1.96 m^3$

（6）发酵间最低液面位。

$V_{简} = V_{气} - Q_1$

$V_{简} = 1.96 - 1.85 = 0.11 m^3$

圆筒形池身内气箱部分的高度为：

$$h_{简} = \frac{0.11}{(3.14 \times 1.42)} = 0.0247 m$$

最低液面位在池盖与池身交接平面以下 $h_{简}$ 的位置上。这个位置也就是进出料管的安装位置。

五、水压间的设计

$H_{水压间} = h_{简} + f_{死} + H - 0.8$

$H_{水压间} = 0.0247 + 0.45 + 1.412 - 0.8 = 1.0867 m$

有效容积：$V_{有} = 池容 \times 池容产气率 \times 投料量 \times \frac{1}{2}$

$$V_{有} = 0.8 \times 0.2 \times 85.5\% \times \frac{1}{2} = 0.684 m^3$$

$$H = \frac{V_{有}}{(3.14 \times R^2)}$$

$$0.266 = \frac{0.684}{(3.14 \times R^2)}$$

$$R_{水压间} = 0.881$$

六、发酵料液的计算

（1）发酵料液体积的计算。

$$V_1 = \{(n_1 + n_2)k_2 + n_3\}T$$

其中，

V_1 为发酵料料液体积，m^3；

n_1 为产人粪便总量。按常住人口 $* 0.006 \sim 0.0013 m^3 /$（人·d）。

n_2 为每日舍外能定量收集粪便总量，m^3/d，取 0.034；

k_2 为收集系数，取 0.6；

T 为原料滞留期（d）平原农业取 35。

则：

$$V_1 = \{(0.03 + 0.32) \times 0.6 + 0.034\} \times 30 = 7.32 m^3$$

（2）气室容积的计算。

$$V_2 = \frac{1}{2}V_1 k_3$$

其中，

V_1 为发酵料液体积，m^3；

V_2 为气室容积，m^3；

K_3 为原料产气率，本次试验取 0.2，常温下的产气率。

则：

$$V_2 = \frac{1}{2} \times 7.32 \times 0.2 = 0.732 m^3$$

七、沼气发酵的投料计算

本次设计的农村家用水压式沼气池的池容为 $8m^3$，假设一个五口之家一天的用气量为 $1.0m^3$（每人每天最多 $0.2m^3$），为了保证每天供气的充足。我们选择了干稻草，人粪，猪粪，青草等作为发酵物。在 $8m^3$ 的沼气池内每天的产气量平均为 $1.0m^3$。

表7-1　常用原料数据

物料名称	产气量 （m^3/d）	投料量 （kg/d）	碳所占百分比 （%）	氮所占百分比 （%）
猪粪	0.354	0.90	7.8	0.6
人粪	0.030	0.075	2.5	0.85
青草	0.645	1.5	14.0	0.84
干稻草	0.171	0.5	42.0	0.63

$$C:N = \frac{0.9 \times 7.8\% + 0.075 \times 2.5\% + 1.5 \times 14.0\% + 0.5 \times 42\%}{0.9 \times 0.6\% + 0.075 \times 0.85\% + 1.5 \times 0.84\% + 0.5 \times 0.63\%} = 23:1$$

我们计算出了物料的碳氮比为 23：1，符合沼气池普通的碳氮比要求［碳氮比范围（20~30）：1］。

八、发酵原料的预处理

（1）粪便原料不必进行预处理，作物秸秆必须铡短到 5 厘米或粉碎。

（2）在接种物用量小于 20%、鲜粪用量与风干秸秆的重量比小于 1：1 时启动时所用的秸秆原料应进行堆沤处理。方法有：①池外堆沤：将原料加水搅匀。加水量以料堆下部不出水为宜，料堆上加盖塑料膜。气温在 15℃ 左右时堆沤 4~5d，气温在 20℃ 以上堆沤 2~3d。②池内堆沤：将原料及接种物拌匀后，投入沼气池进行堆沤，堆沤时间参照池外堆沤。

其中，沼气发酵启动时所用的含有大量沼气发酵微生物的各种厌氧活性污泥称为接种物。在沼气发酵启动时，料液中要添加 10%~30% 的接种物；老沼气池中的悬浮污泥、各种有机废水沉污泥、河流湖泊底层的沉渣、坑塘污泥和水粪坑的粪肥等，都可用来做接种物。所用的接种物其挥发性固体含量不应低于 3%。

九、沼气发酵的启动、运转及注意事项

沼气发酵的启动通常分为 3 个步骤进行。

① 投料：将预处理的原料和准备好的接种物混合在一起投入池内，启动时的物料干物质含水量控制在 6%～12%。

②加水封池：原料和接种物入池后，要及时加水封池。以料液量约占沼气池总容量积的 85%～90% 为宜。然后加盖密封。

③放气试火：沼气发酵启动初期，通常不能点燃。因此当水压表压力达到 20cm 水柱以上时，应进行放气试火。所产沼气可正常燃烧使用时，沼气发酵的启动阶段即告完成。

沼气池的运转管理注意以下四个步骤：

①当沼气发酵启动之后，即进入正常运转阶段。为了维持沼气的均衡产气，启动后 30d 左右就应定时进行补料。

② 正常运转期间进池的秸秆原料，只要铡短或粉碎并用水或发酵液浸透即可。

③ 正常运转期间的进料浓度应尽量大一些，干物质含量可以大于 8%。

④ 为了便于管理和均衡产气，可每隔 5～7d 补料一次，"三结合"沼气池每天都要有一定量的人畜粪便进入沼气池，产气量不足时，应每 5～7d 搅拌一次，可通过进料口或水压间用木棍搅拌，也可从水压间掏出料液，再从进料口倒入进行搅拌。若发生料液结壳并严重影响产气时，则应打开活动盖进行搅拌。冬天减少或停止搅拌。

在操作过程中需要注意的问题：

①沼气发酵启动过程中，试火应在灯、炉具上进行，禁止在导气管口试火。

②沼气池在大换料时要把所有盖口打开，使空气流通，未通过动物实验证明池内确实安全，不允许工作人员下池操作。

③池内操作不得单人进行，下池人员要系安全绳，池上要有人监护，以便万一发生意外时及时进行抢救。

④沼气池进、出料口要加盖。

⑤输气管道、开关、接头等处要经常检修，以防输气管路漏气和堵塞。水压

表要定期检查，确保水压表准确反映池内压力变化。要经常排放冷凝水收集器中的积水，以防管道发生水堵。

⑥活动盖密封情况下，进、出料的速度不宜过快，保证池内缓慢升压或降压。在沼气池日常进、出料时，不得使用沼气，禁止用明火接近沼气池。

第二节 户用沼气池

根据户用沼气池的特点，设计户用沼气池如图7-1。

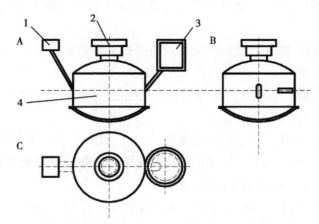

A.户用沼气的主视图；B.户用沼气池的侧视图；
C.户用沼气池的俯视图
1.原料加入口；2.沼气储存箱及顶盖；
3.出料口；4.沼气池池体

图7-1 设计户用沼气池

参考文献

阿拉坦其其格 . 2011. 能降解风化煤微生物的筛选及初步鉴定 ［J］. 内蒙古农业大学 .

白洪志 . 2008. 降解纤维素菌种筛选及纤维素降解研究 ［D］. 哈尔滨：哈尔滨工业大学 .

白玉，杨大群，王建辉，等 . 2005. 天山冻土耐冷菌的分离与产低温酶菌株的筛选 ［J］. 冰川冻土，4.

伯杰 . 1984. 细菌鉴定手册（第 8 版）［M］. 北京：科学出版社 .

陈超，阮志勇，吴进，等 . 2013. 规模化沼气工程沼液综合处理与利用的研究进展 ［J］. 中国沼气，1：25-28.

陈东彦，李冬梅，王树忠 . 2007. 数学建模 ［M］. 科学出版社 .

陈庆隆，桂伦，杨丽芳，等 . 2012. 我国沼气工程发展概况及对策 ［J］. 江西农业学报，24（5）：201-203.

陈世和，陈建华，王士芬 . 1992. 微生物生理学原理 ［M］. 上海：同济大学出版社 .

陈秀兰，张玉忠，高培基，等 . 2000. 渤海湾浅表海水中产低温蛋白酶适冷菌的筛选 ［J］. 海洋科学，24（9）：42-45.

陈智远，姚建刚 . 2009. 不同接种量对玉米秸秆发酵的影响 ［J］. 农业工程技术（新能源产业），12：8.

成喜雨，庄国强，苏志国，等 . 2008. 沼气发酵过程研究进展 ［J］. 过程工程学报，8（3）：607-615.

迟雪 . 2013. 一株丁酸梭菌的分离及其发酵纤维素产酸影响因素研究 ［D］.

哈尔滨工业大学.

楚杰, 张大伟, 郝永任, 等.2005.布拉酵母菌冻干保护剂的研究 [J]. 饲料工业, 26 (18): 19-21.

崔俊奎, 陈文婷.2012.户用辅助加热式太阳能沼气池系统研究 [J]. 黑龙江农业科学, (6): 68-70.

崔晓光.2007.沼气池中产甲烷菌的分离鉴定及其分布的研究 [D]. 大连: 大连理工大学.

单会忠.2009.对农村户用沼气池的经济评价 [J]. 中国沼气, 27 (6): 44-50.

邓功成, 李静, 赵洪, 等.2009.沼气发酵微生物低温驯化研究 [J]. 安徽农业科学, 37 (27): 12894-12895.

邓良伟, 陈子爱.2007.欧洲沼气工程发展现状 [J]. 中国沼气, 25 (5): 23-31.

东秀珠, 蔡妙英.2001.常见细菌系统鉴定手册 [M]. 科学出版社.

董春娟, 李亚新.2002.微量金属元素对甲烷菌的激活作用 [J]. 太原理工大学学报, 33 (5): 495-497.

董春娟.2000.厌氧消化过程中微量金属元素 Fe、Co、Ni 对毒性物质 NH_4^+-N 的拮抗作用 [J]. 太原大学, (2): 41-44.

董硕.2011.产低温纤维素酶菌株筛选及发酵条件研究 [D]. 大连大学.

董照锋.2012.农村沼气建设问题研究 [J]. 陕西农业科学, 58 (6): 231-234.

都立辉, 刘芳.2006.16S rRNA 基因在细菌菌种鉴定中的应用 [J]. 乳业科学与技术, (5): 207-209.

杜小泽, 齐锡龄, 王补宣.1997.加热方式对真空冷冻干燥热质传递机理的影响 [J]. 工程热物理学报, 18 (5): 612-615.

杜昕波, 赵耘, 李伟杰.2009.菌种保藏中的细菌鉴定方法 [J]. 中国兽药杂志, 43 (3): 50-52.

樊兆阳.2012.低温降解纤维素的微生物的分离及其降解特性分析 [D]. 内蒙古农业大学.

方放，姚向军 . 2000. 大中型畜禽养殖场能环工程产业化发展对策研究［J］. 2000 年国际沼气技术与持续发展研讨会论文集 . 北京：中国沼气学会，27-29.

房苏清，高飞，王祥会 . 2011. 现阶段我国农村沼气发展存在的问题及对策研究［J］. 中国西部科技，10（14）：54-55.

冯月，蒋建新，朱莉伟，等 . 2009. 纤维素酶活力及混合纤维素酶协同作用的研究［J］. 北京林业大学学报，1.

高洁，汤烈贵 . 1996. 主编纤维素科学［M］. 科学出版社 .

高礼安，邓功成，赵洪，等 . 2009. 不同 C/N 对沼气发酵均匀性影响的研究［J］. 现代农业科技，（4）：248-249.

弓晓艳，吕利华，武振宇 . 2010. 山西老陈醋产酸功能菌研究［J］. 食品工业科技，31（2）：170-173.

公维佳，李文哲，刘建禹 . 2006. 厌氧消化中的产甲烷菌研究进展［J］. 东北农业大学学报，37（6）：838-841.

顾方媛，陈朝银，石家骥，等 . 2008. 纤维素酶的研究进展与发展趋势［J］. 微生物学杂志，28（1）：83-87.

光南，傅世宗，蔡海洋 . 2000. 极端环境微生物研究概况［J］. 福建热作科技，（2）：12-15.

郭磊 . 2008. 市政污泥多级逆流厌氧发酵产酸技术研究［J］. 江南大学 .

郭晓磊，胡勇有，高孔荣 . 2000. 厌氧颗粒污泥及其形成机理［J］. 给水排水，26（1）：33-38.

韩芳 . 2012. 沼气净化技术及储存方式优化分析——以沼气工程为例［J］. 中国沼气，30（3）：50-53.

韩梅琳，焦翔翔，王旭明，等 . 2008. 低温沼气发酵的研究现状［C］//Intematioona Conference on Biomass Energy Zechnalogie8 Proceeding. 2.

郝先荣 . 2011. 养殖场废弃物的资源化利用——中国沼气工程发展现状与展望［J］. 中国牧业通讯，（12）：26-31.

郝鲜俊，洪坚平，高文俊 . 2007. 产甲烷菌的研究进展［J］. 贵州农业科学，3（1）：111-113.

何钢, 陈介南, 王义强, 等. 2006. 酵母工程菌降解纤维素的研究进展 [J]. 生物质化学工程, 40 (S1): 173-177.

何新宇, 刘青. 2002. 嗜冷菌的分子机制及其应用简介 [J]. 青海环境, 12 (3): 135-137.

贺静, 马诗淳, 黎霞, 等. 2011. 能源微生物的研究进展 [J]. 中国沼气, 29 (3): 3-6.

洪章. 2005. 纤维素生物技术 [M]. 化学工业出版社.

胡启春. 1998. 国外厌氧处理城镇生活污水技术的应用现状和发展趋势 [J]. 中国沼气, 16 (2): 11-15.

胡尚勤, 肖颖瑞, 周开孝. 1989. 沼气发酵中添加剂丙酮酸作用的进一步研究 [J]. 重庆师范学院学报 (自然科学版), 1: 9.

华泽钊, 刘宝林, 左建国. 2006. 药品和食品的冷冻干燥 [M]. 北京: 科学出版社.

华泽钊, 任禾盛. 1994. 低温生物医学技术. 北京: 科学出版社.

华泽钊. 2006. 冷冻干燥新技术 [M]. 北京: 科学出版社, 274-275.

黄凤莲, 郑小红, 高云超, 等. 2007. 我国户用型沼气发展模式及其在新农村建设中的作用 [J]. 广东农业科学, (8): 114-116.

黄江丽, 张国华, 丁建南, 等. 2012. 低温沼气发酵促进剂的研究 [J]. 江西科学, 30 (1).

姜森林. 1983. 沼气池的管理和利用 [J]. 山西农业科学, 3: 31-32.

孔源, 韩鲁佳. 2002. 我国畜牧业粪便废弃物的污染及其治理对策的探讨 [J]. 中国农业大学学报, 7 (6): 92-96.

蓝盛芳, 钦佩, 陆宏芳. 2002. 生态经济系统能值分析 [M]. 化学工业出版社.

雷杨. 2012. 木薯酒精废液厌氧发酵菌种的筛选及其发酵试验 [D]. 广西大学.

雷正瑜. 2006. 16S rDNA 序列分析技术在微生物分类鉴定中的应用 [J]. 湖北生态工程职业技术学院学报, 4 (1): 4-7.

李波, 唐云容, 毛晓红. 2011. 浓香型白酒产酸细菌的分离筛选 [J]. 酿酒科技，（9）：51-53.

李博，Matthias D. 2010. 内陆土壤冷适应细菌的筛选分类与细胞膜脂肪酸的适冷机制 [J]. 微生物学通报，37（8）：1110-1116.

李春笋，郭顺笙. 2004. 微生物混台发酵的研究及应用 [J]. 微生物学通报，31（3）：156-161.

李广武，郑从义，唐兵. 1998. 低温微生物学 [M]. 湖南：湖南科学技术出版社.

李广武. 1999. 低温生物学 [M]. 长沙：湖南科学技术出版社.

李虹. 2007. 简说能源经济学 [J]. 前线，（6）：58-59.

李景明，孙玉芳，陈晓夫，等. 2006. 中国农村可再生能源标准体系建设 [J]. 农业工程学报，21（11）：164-167.

李景明，薛梅. 2010. 中国生物质能利用现状与发展前景 [J]. 农村科技管理，29（2）：1-4.

李景明，薛梅. 2010. 中国沼气产业发展的回顾与展望 [J]. 可再生能源，3.

李景明. 2008. 浅析我国生物质能政策框架的现状与发展 [J]. 农业科技管理，27（4）：11-14.

李美群，熊兴耀，谭兴和，等. 2010. 温度对红薯酒精沼气发酵微生物的影响 [J]. China Brewing，（6）：44-47.

李娜. 2010. PCR-DGGE 技术分析不同废水活性污泥中微生物菌落结构 [D]. 华南理工大学.

李顺鹏，沈标. 1991. 菇渣中纤维素酶活及其在沼气发酵中的作用 [J]. 南京农业大学学报，14（2）：65-68.

李小伟，朴银玥，尹少华，等. 2011. 基于层次分析法的湖南肉类企业绩效评价研究 [J]. 中南林业科技大学学报，4（31）：80-90.

李兴杰. 1999. 沼气发酵 [J]. 生物学通报，34（3）：16-17.

李亚冰. 2009. 兼性厌氧纤维素酶产生菌的筛选及在沼气发酵中的应用 [D]. 天津：河北工业大学.

李亚新，董春娟. 2001. 激活甲烷菌的微量元素及其补充量的确定 [J]. 环境污染与防治，23（3）：116-118.

李亚新，杨建刚．2000. 微量金属元素对甲烷菌激活作用的动力学研究［J］.
    中国沼气，18（2）：8-11.

李玉英，胡雪竹，李晓明，等．2011. 不同秸秆沼气发酵高效产酸复合菌系
    的筛选［J］. 安徽农业科学，39（11）：6670-6672.

林聪．2006. 沼气技术理论与工程［M］. 北京：化学工业出版社.

林艳梅，生吉萍，申琳，等．2010. 适冷纤维素降解微生物研究进展［J］.
    生物技术，20（2）：95-97.

林云．2002. 双歧杆菌冻干保护剂条件的研究［J］. 科学试验与研究，4
    （6）：4-7.

刘光烨，赵一章，吴衍庸．1987. 泸酒老窖泥中布氏甲烷杆菌的分离和特性
    ［J］. 微生物学通报，4：154-159.

刘广民，任南琪，杜大仲，等．2004. 基于底物利用水平的产酸脱硫系统生
    态特征［J］. 哈尔滨工业大学学报，36（1）：20-23.

刘建敏．2006. 农村家用沼气发酵工艺参数的优选研究［D］. 重庆：西南大
    学，3-4.

刘婧．2009. 耐冷细菌的筛选及对畜禽废水处理效果研究［D］. 四川农
    业大学.

刘梦洋，李明堂，翟强强．2011. 耐冷菌在低温下处理污水的研究进展［J］.
    北方环境，23（3）：124-126.

刘明．2009. 农村沼气建设的可行性及其存在的问题［J］. 现代农业科技，
    （3）：289-289.

刘全全．2010. 低温产甲烷条件下微生物的群落特征［D］. 北京：中国农业
    科学院.

刘书燕．2007. MASB 和 ABR 在常温下处理生活污水的研究［D］. 邯郸：河
    北工程大学.

刘树立，王华，王春艳，等．2007. 纤维素酶分子结构及作用机理的研究进
    展［J］. 食品科技，32（7）：12-15.

刘亭亭，曹靖瑜．2008. 产甲烷菌的分离及其生长条件研究［J］. 黑龙江水

专学报，34（4）：120-122.

刘晓风，袁月祥，闫志英. 2010. 生物燃气技术及工程的发现现状 [J]. 生物工程学报，26（7）：924-930.

刘晓玲. 2008. 城市污泥厌氧发酵产酸条件优化及其机理研究 [D]. 江南大学.

刘叶志，余飞虹. 2009. 户用沼气利用的能源替代效益评价 [J]. 内蒙古农业大学学报（社会科学版），1（11）：105-107.

刘叶志. 2009. 农村户用沼气综合利用的经济效益评价 [J]. 中国农学通报，25（1）：264-267.

刘宇，匡耀求，黄宁生. 2008. 农村沼气 发与温室气体减排 [J]. 中国人口资源与环境，18（3）：48-53.

刘占杰，华泽钊. 2000. 蛋白质药品冷冻干燥过程中变性机理的研究进展 [J]. 中国生化药物杂志，21（5）：263-265.

鲁辛辛，黄艳飞，田晓波. 2006. 细菌 rDNA 分类鉴定的方法学研究 [J]. 中华检验医学杂志，29（5）：435-437.

陆慧. 2007. 农村户用沼气对环境影响的指标体系与评价 [J]. 太阳能学报，3（28）：340-344.

罗昌银. 2012. 温度阶段厌氧消化系统下剩余污泥产酸性能研究 [D]. 南京理工大学.

马放，任南琪，杨基先，等. 2002. 污染控制微生物学实验 [M]. 哈尔滨：哈尔滨工业大学出版社.

马溪平. 2005. 厌氧微生物学与污水处理 [M]. 化学工业出版社.

蒙杰，王敦球. 2007. 沼气发酵微生物菌群的研究现状 [J]. 广西农学报，22（4）：46-49.

莫韵玑，何辰庆，文玉梅. 1983. 15℃低温下沼气发酵条件的研究 [J]. 中国沼气，2：6.

那伟，祝延立，刘鹏，等. 2010. 吉林省农村户用沼气建设的适宜性评价分析 [J]. 可再生能源，5（10）：134-138.

倪慎军. 2007. 沼气生态农业理论与技术应用 [M]. 郑州：河南出版集团 中

原农业出版社.

裴占江，王大蔚，高亚冰 . 2012. 低温产甲烷菌群的富集效果研究 ［J］. 可再生能源，30（1）：52-54.

彭发基，田德宁 . 2011. 高寒地区一种新型辅助燃烧式沼气池简介 ［J］. 中国沼气，29（2）：41-42.

齐锡龄，方承超，赵军，等 . 1996. 工作压力对真空冷冻干燥速率的影响 ［J］. 工程热物理学报，17（3）：151-154.

秦华明，宗敏华，梁世中 . 2001. 糖在蛋白质药物冷冻干燥过程中保护作用的分子机制 ［J］. 广东药学院学报，17（4）：305-307.

邱凌，梁勇，邓媛方，等 . 2011. 太阳能双级增温沼气发酵系统的增温效果 ［J］. 农业工程学报，27（1）：166-171.

施特马赫 . 1992. 酶的测定方法 ［M］. 钱嘉渊，译 . 北京中国轻工业出版社 .

宋钧玲 . 2012. 秸秆发酵产酸复合菌群的筛选及其培养条件优化 ［D］. 哈尔滨工业大学 .

宋秀兰，李娟娟 . 2013. 微氧条件下产酸菌的分离及性能测定 ［J］. 生物技术，23（2）：77-80.

孙进杰，赵丽兰 . 2000. 沼气正常发酵的工艺条件 ［J］. Rural Energy，92（4）：20-22.

孙玉芳 . 2009. 经济发达地区农村户用沼气发展趋向研究 ［J］. 中国沼气，27（5）：37-38.

谭风光 . 2012. 沼气发酵及分离提纯技术研究 ［D］. 兰州理工大学 .

汤云川，张卫峰，马林，等 . 2010. 户用沼气产气量估算及能源经济效益 ［J］. 农业工程学报 .

唐兵，唐晓峰，彭珍荣 . 2002. 嗜冷菌研究进展 ［J］. 微生物学杂志，22（1）：51-53.

唐美珍，李婷婷，王艳娜，等 . 2013. 人工湿地中一株高效低温菌的分离鉴定与去除特性研究 ［J］. 环境科学学报，33（3）：708-714.

陶颖，陈晓晔，朱建良 . 2011. 活性污泥产酸发酵研究进展 ［J］. 生物技术，

21（3）：94-97.

万红兵，田洪涛，马晓燕，等.2006. 直投式酸奶发酵剂制备过程中乳酸离心分离条件的研究［M］. 食品工业科技，27（11）：69-72.

万朕，李莉，郑裴，等.2011. 一株产丁酸菌的分离纯化及产酸研究［J］. 酿酒，38（1）：26-19.

汪婷.2002. 沼气发酵过程中产甲烷菌分子多样性研究及产甲烷菌的分离［D］. 南京农业大学.

王斌.2010. 沼液在农业生产中的综合利用［J］. 农业科技与信息，（6）：45-46.

王国良，宋俊梅，曲静然.2006. 从酸浆中分离出的一株产酸菌的鉴定［J］. 河南工业大学学报，27（1）：77-81.

王晋.2013. 厌氧发酵产酸微生物种群生态及互营关系研究［D］. 江南大学.

王琳，刘国生，王林嵩，等.1998.DNS 法测定纤维素酶活力最适条件研究［J］. 河南师范大学学报：自然科学版，26（3）：66-69.

王粟，刘杰，裴占江，等.2012. 提高低温沼气发酵效果的研究［J］. 黑龙江农业科学，5：53-56.

王天光，李顺鹏，刘梦筠，等.1984. 沼气发酵过程中主要微生物生理群的变化及物质转化对产气效率的影响［J］. 南京农学院学报，（2）：47-54.

王耀刚.2013. 当前农村沼气建设管理和后续服务存在的问题与建议［J］. 河南农业，（19）：29-29.

王志刚，徐伟慧，厉悦，等.2012. 纤维素降解菌协同效应与粗酶液影响因素［J］. 浙江农业学报，24（2）：279-283.

王忠君.2011. 长春市农村可再生能源开发利用问题研究［D］. 吉林大学.

魏桃员，张素琴，邵林广，等.2004. 一株纤维素降解细菌的分离及特性研究［J］. 环境科学与技术，27（5）：1-2.

魏晓明，林聪，李雪，等.2008. 添加剂对促进农业废弃物产沼气的研究进展［J］. 2008 中国农村生物质能源国际研讨会暨东盟与中日韩生物质能源论坛论文集.

吴斌，胡肄珍.2008.产纤维素酶放线菌的研究进展［J］.中国酿造，（1）：
　5-8.

吴树彪，翟旭，董仁杰.2008.中国户用沼气发展现状及对策分析［J］.农
　业生物环境与能源工程国际论坛论文集.北京：中国农业工程学会.

肖涛.2013.德国沼气工程发展现状分析与借鉴［J］.河南农业，（7）：
　25-26.

谢振文，张帮奎，涂雪令，等.2010.真空冷冻干燥柠檬片工艺参数优化研
　究［J］.食品与发酵科技，46（3）：51-54.

辛明秀，马延和.1999.嗜冷菌和耐冷菌［J］.微生物学通报，（2）：
　109-155.

熊冬梅，周红丽.2011.纤维素降解菌群的研究进展［J］.酿酒科技，203
　（5）：94-97.

徐成海，关奎之，张世伟.1996.食品真空冷冻干燥技术的现状及发展前景
　的探讨［J］.真空，8：1-5.

徐成海，刘军，王德喜.2003.发展中的真空冷冻干燥技术［J］.真空，9：
　1-7.

徐成海，张世伟，彭润玲，等.2008.真空冷冻干燥的现状与展望（一）
　［J］.真空，45（2）：1-11.

徐杰，云月英，张和平.2006.酸马奶中干酪乳杆菌发酵特性的研究［J］.
　中国乳品工业，34（7）：23-27.

徐立新，徐开成，王春梅.2011.产酸菌的分离纯化［J］.酿酒科技，（5）：
　35-36.

徐砾.2003.真空冷冻干燥技术在生物制药方面的应用［J］.武汉科技学院
　学报，16（5）：58-60.

徐彦胜，阮志勇，刘小飞，等.2010.应用 RFLP 和 DGGE 技术对沼气池中
　产甲烷菌多样性的研究［J］.西南农业学报，23（4）：1319-1324.

徐泽敏，殷涌光，吴文福，等.2008.稻谷真空干燥中工艺参数对降水幅度
　的影响［J］.吉林大学学报，38（2）：493-496.

阎伯旭，齐飞.1999.纤维素酶分子结构和功能研究进展［J］.生物化学与

生物物理进展，26（3）：233-237.

杨海英，张振宇，佐玉梅，等 .2012. 腌菜中乳酸菌的分离及产酸菌筛选研究 [J]. 安徽农业科学，40（13）：7909-7910，7915.

杨聚在 .2000. 细菌最可能数（MPN）的计算方法与程序 [J]. 中国卫生检验杂志，10（1）：101-103.

杨磊 .2010. 沼气发酵过程微生物作用研究 [D]. 中国农业科学院 .

杨鹏可，周静，胡梦，等 .2008. 偏低温沼气发酵促进剂的初步研究 [J]. 酿酒科技，（4）：101-104.

杨树生，杨坤，王世仙 .2007. 生物质发酵升温提高沼气池的池温和保温技术 [J]. 可再生能源，（3）：88-89.

杨霞，陈陆，王川庆 .2008.16S rRNA 基因序列分析技术在细菌分类中应用的研究进展 [J]. 西北农林科技大学学报，36（2）：55-60.

杨晓晖 .2005. 泡菜中低温发酵乳酸菌的分离鉴定及发酵工艺的研究 [D]. 中国农业大学 .

姚利，王艳芹，袁长波，等 .2010. 高效沼气微生物菌剂的冬季产气试验 [J]. 山东农业科学，（8）：57-60.

叶晴，尹光琳 .2002. 用真空冷冻干燥法保存微生物菌株 [J]. 现代科学仪器，10（4）：19-20.

尹冬雪 .2012. 猪粪，牛粪发酵过程中微生物群落数量分析及光照时间对其影响研究 [D]. 西北农林科技大学 .

尹俊 .2006. 基因工程 [M]. 内蒙古大学出版社 .

俞飞 .1998. 城市垃圾填埋场中废弃测定方法 [J]. 环境科学与技术,82（2），41-43.

虞方伯，罗锡平，管莉波，等 .2008. 沼气发酵微生物研究进展 [J]. 安徽农业科学，36（35）：1565-1566.

袁敏，胡国全 .2009. 低温条件下的甲烷生成与嗜冷产甲烷古菌研究进展 [J]. 中国沼气，27（3）：8-13.

袁敏，张辉，胡国全 .2010. 一株兼性嗜冷小甲烷粒菌的生物学特性及系统发育分析 [J]. 应用与环境生物学报，16（5）：705-709.

袁亚宏，岳田利，高振鹏，等.2003. 冻干高活力乳酸菌粉保护剂的研究
　　[J]. 西北农林科技大学学报（自然科学版），31（增刊）：82-88.

岳巍.2009. 沼气发酵工艺参数的调控技术［J］. 黑龙江纺织，（2）.

曾润颖，赵晶.2002. 深海细菌的分子鉴定分类［J］. 微生物学通报，29
　　（6）：12-16.

翟凤敏，倪晋仁，赵华章，等.2006. 污泥接种量对好氧污泥颗粒化的影响
　　研究［J］. 四川环境，25（3）：1-4.

张红丽.2011. 呼和浩特市户用沼气工程发展现状，问题及对策分析［D］.
　　内蒙古农业大学.

张莉敏.2012. 德国沼气产业发展现状及对我国的启示［J］. 中国农垦，
　　（12）：40-42.

张伟，万永青，段开红，等.2013. 嗜冷性产甲烷菌的研究进展. 安徽农业
　　科学，41（13）：5909-5913.

张无敌，宋洪川.2001. 鸡粪厌氧消化过程中水解酶与沼气产量的关系研究
　　［J］. 能源工程，（4）：16-18.

张玉秀，赵微忱，于洋，等.2008. 低温微生物的冷适应机理及其应用［J］.
　　生态学报，28（8）：3921-3926.

张云飞，曲浩丽，李强，等.2011. 沼气发酵过程中产甲烷菌快速计数方法
　　的研究［J］. 中国沼气.29（2）：24-26.

章克昌.1995. 乙醇与蒸馏酒工艺学［M］. 轻工业出版社.

赵光，马放，魏利，等.2011. 北方低温沼气发酵技术研究及展望［J］. 哈
　　尔滨工业大学学报，43（6）：29-33.

赵洪，邓功成，高礼安，等.2009. 接种物数量对沼气产气量的影响［J］.
　　安徽农业科学，37（13）：6278-6280.

赵旭，王文丽，李娟.2012. 低温条件下 TS 质量分数对沼气发酵的影响
　　［J］. 广东农业科学，39（14）：180-182.

赵一章.1984. 产甲烷菌选择性连续富集的研究——青霉素对富集和分离的
　　影响［J］. 中国沼气，3（2）：31-35.

赵宇华，钱泽澍.1991. 硬脂酸降解菌与嗜氢产甲烷杆菌共培养物的研究

[J]. 浙江农业大学报，17（1）：75-79.

中国农村能源行业协会. 2009. 2008 年中国沼气产业发展报告 [R]. 北京：中国农村能源行业协会.

周大石. 1994. 甲烷细菌与沼气发酵 [J]. 生物学通报，29（4）：1-3.

周德庆. 2002. 微生物生物学教程（第 2 版）[M]. 北京：高等教育出版社.

周孟津，张榕林，蔺金印. 2009. 沼气实用技术 [M]. 北京：化学工业出版社.

周贤轩，杨波，陈新华. 2004. 几种分子生物学方法在菌种鉴定中的应用 [J]. 生物技术，14（6）：35-39.

朱海冰，蔡道成，张侨. 2011. 中国可持续发展理论概述 [J]. 商业时代，(7)：6-7.

朱诗应，成中田. 2013. 16S rDNA 扩增及测序在细菌鉴定与分类中的应用 [J]. 微生物与感染，8（2）：104-109.

朱晔. 2010. 低温厌氧颗粒污泥中微生物菌株的生物信息学分析 [D]. 河北科技大学.

邹惠芬，徐成海，苏永升，等. 2004. 眼角膜在冻干过程中的传热传质模型 [J]. 华东理工大学学报，30（1）：91-95.

Alfons J. M. Stams. 1994. Metabolic interactions between anaerobic bacteria in methanogenic environments [J]. Antonie van Leeuwenhoek, Vol. 66：271-294.

Allen M A, F M. Lauro, et al. 2009. The genome sequence of the psychrophilic archaeon, *Methanococcoides burtonii*：the role of genome evolution in cold adaptation [J]. Isme Journal, 3（9）：1012-1035.

Arakawa. T, Prestrelski. S. J, Kinney. W, et al. 1993. Factors affecting short-term and long-term stabilities of proteins [J]. Advanced Drug Delivery Rev, 10（1）：1-28.

Beguin P. 1990. Molecμlar biology of cellμlose degradation [J]. Annual Reviews in Microbiology, 44（1）：219-248.

Boopathy R. 1996. Isolation and characterization of a methanogenic bacterium from swine manure [J]. Bioresource technology, 55（3）：231-235.

Carpenter. J. F, Crowe. J. H, Crowe. L. M. 1987. Stabilization of phosphofructokinase with sugar during freeze-drying: characterization of enhanced protection in the presence of divalent [J]. Biophys. Acta, 92 (3): 109-115.

Cavicchioli R. , Thomas T. 2000. Encylopedia of microbiology [M]. Extremophiles, 2nded. San Diego: Academic Press Ine.

Cavicchioli R. 2006. Cold-adapted archaea [J]. Nature Reviews Microbiology, 4 (5): 331-343.

Chen Z, Yu H, Li L, et al. 2012. The genome and transcriptome of a newly described psychrophilic archaeon, *Methanolobus psychrophilus* R15, reveal its cold adaptive characteristics [J]. Environmental Microbiology Reports, 4 (6): 633-641.

Chong SC, Liu Y, Cummins M, et al. 2002. *Methanogenium marinum sp.* nov. , a H_2-using methanogen from Skan Bay, Alaska, and kinetics of H_2 utilization [J]. International Journal of Systematic and Evolutionary Microbiology, 81: 263-270.

Ding W, Wang L, Chen J, et al. 2011. The review of domestic and international biogas frontiers and technical achievements—A study of the development of biogas technology in Gansu Province [C] Electrical and Control Engineering (ICECE), 2011 International Conference on. IEEE, 3739-3744.

Dong XiuZhu, Chen ZiJuan. 2012. Psychrotolerant methanogenic archaea: diversity and cold adaptation mechanisms [J]. Science China Life Sciences, 55 (5): 415-421.

Dyer. D. E, Sunderland. J. E. 1968. Heat and mass transfer mechanisms in sublimation dehydration [J]. Journal of Heat Transfer, 12: 379.

Elizabeth R, Fielding DB, Archer, et al. 1988. Isolation and characterization of methanogenic bacteria from landfills [J]. Applied and Environmental Microbiology, Vol. 54 (3): 835-836.

Elizabeth R, Fielding DB, Archer, et al. 1988. Isolation and characterization of methanogenic bacteria fromlandfills [J]. Applied and Environmental Microbiology, 54 (3): 835-836.

Franzmann P, Liu Y, Balkwill DL, et al. 1997. *Methanogenium frigidum* sp. nov. , a psychrophilic, H2-using methanogen from Ace Lake, Antarctica [J]. International Journal of Systematic and Evolutionary Microbiology, 47: 1068-1072.

Franzmann PD, Springer N, Ludwig W, et al. 1992. A methanogenic archaeon from Ace Lake, Antarctica: *Methanococcoides burtonii* sp. nov [J]. Systematic and Applied Microbiology, 15: 573-581.

Giaquinto L, Curmi PMG, Siddiqui KS, et al. 2007. Structure and function of cold shock proteins in archaea [J]. Journal of Bacteriology, 183 (15): 5738-5748.

Guishan Zhang, Xiaoli Liu, Xiuzhu Dong. 2008. Methanogenesis from methanol at low temperatures by a novel psychrophilic methanogen, "*Methanolobus psychrophilus*" sp. nov. , Prevalent in Zoige Wetland of the Tibetan Plateau [J]. Applied and Environmental Microbiology, 74 (19): 6114-6120.

Guo L, Shi Y, Zhang P, et al. 2011. Investigations, analysis and study on biogas utilization in cold region of North China [J]. Advanced Materials Research, 183: 673-677.

JiZhong Zhou, Mary Ann Bruns. 1996. DNA Recovery from Soils of Diverse Composition [J]. Applied and Environmental Microbiology, Vol. 62 (2): 316-322.

Johan Lindmark. 2010. The Wet Fermentation Blogas Process-limitations and Possibilities for efficiency improvements [D]. Mälardalen Mniversity.

Judit Szaszi. 2008. Experiments to collect dimensioning data for production of biogas and ethanol from straw [D]. Mälardalen Mniversity.

J. P. Monteiro. 1991. Monitoring Freeze-Drying by Low Resolution PμLse NMR: Determination of Sublimation Endpolnt [J]. Journal of Food Scinece. 56: 1707-1711.

Kendall MM, Wardlaw GD, Bonin AS, et al. 2007. Diversity of Archaea in marine sediments from Skan Bay, Alaska, including cμLtivated methanogens, and description of *Methanogenium boonei* sp. nov [J]. International Journal of Systematic and Evolutionary Microbiology, 73: 407-414.

Kotsyurbenko OR, Friedrich MW, Simankova MV, et al. 2007. Shift from aceto-clastic to H_2-dependent methanogenesis in a West Siberian peat bog at low pH values and isolation of an acidophilic Methanobacterium strain [J]. Appl Environ Microbiol, 4: 2344-2348.

Krishna S H, Rao K C S, Babu J S, et al. 2000. Studies on the production and application of cellμLase from Trichoderma reesei QM-9414 [J]. Bioprocess Engineering, 22 (5): 467-470.

Lichtfieid. R. J, Liapis. A. I. 1979. An absorption-sublimation model for a freeze dryer [J]. Chem Eng Sci, 34 (9): 1085-1090.

Lifchield. R. J, Laips. A. 1979. I, An adsorption-sublimation model for a freeze dryer [J]. Chemical Engineering Science, 34: 1085.

Lili Niu, Lei Song, Xiuzhu Dong. 2008. *Proteiniborus ethanoligenes gen.* nov. , sp. nov. , an Anaerobic Protein-utilizing Bacterium [J]. International Journal of Systematic and Evolutionary Microbiology, 58: 12-16.

Lisa M, Steinberg, John M, et al. 2009. mcrA-Targeted real-time quantitative PCR method to examine methanogen communities [J]. Appl Environ Microbiol, 75 (13): 4435-4442.

Lissens G, Vandevivere P, De Baere L, et al. 2001. Solid waste digestors: process performance and practice for municipal solid waste digestion [J]. Water Science & Technology, 44 (8): 91-102.

Lynd L R, Weimer P J, Van Zyl W H, et al. 2002. Microbial cellμLose utiliza-tion: fundamentals and biotechnology [J]. Microbiology and molecμLar biology reviews, 66 (3): 506-577.

Maria V, Simankova, Kotsyurbenko, et al.2003. Isolation and characterization of new strains of methanogens from cold terrestrial habitats.System.Appl.Microbiol, 26: 312-318.

Mata-Alvarez J, Cecchi F, Pavan P, et al. 1990. The performances of digesters treating the organic fraction of municipal solid wastes differently sorted [J]. Biological wastes, 33 (3): 181-199.

Mckeown RM, ScμLly C, et al. 2009. Psychrophilic methanogenic community development during long-term cμLtivation of anaerobic granμLar biofilms [J]. 3 (11): 1231-1242.

Miah M S, Tada C, Yang Y, et al. 2005. Aerobic thermophilic bacteria enhance biogas production [J]. Journal of material cycles and waste management, 7 (1): 48-54.

Millman. M. J, Liapis. A. I. 1985. An analysis of lyophilization proeessusing a sorption-sublimation model and various operation polices [J]. AIC H E Journal, 31: 1594-1604.

Nastaj. J. F, Ambrozek. B. 2007. Modeling of vacuum desorption of mutil compnent moisture in freeze drying [J]. 66 (10): 201-218.

Nichols DS, Miller MR, Davies NW, et al. 2004. Cold adaptation in the antarctic archaeon *methanococcoides burtonii* involves membrane lipid unsaturation [J]. Journal of Bacteriology, 186 (24): 8508-8515.

Noon KR, Guymon R, Crain PF, et al. 2003. Influence of temperature on tRNA modification in archaea: *Methanococcoides burtoni*i (Optimum Growth Temperature [Topt], 23℃) and stetteria hydrogenophila (Topt, 95℃) [J] . Journal Bacteriology, 185 (18): 5483-5490.

Nozhevnikova, A N, K Zepp, et al. 2003. Evidence for the existence of psychrophilic methanogenic communities in anoxic sediments of deep lakes [J]. Appl Environ Microbiol, 69 (3): 1832-1835.

Psychrophilic bacteria [Z]. World of Microbiology and Immunology, 2003.

Research progress in psychrophilic methanogenic bacteria [Z]. Liquor-making Science & Technolosy, 2009: 05.

Saint-Joly C, Desbois S, Lotti J. 2000. Determinant impact of waste collection and composition on anaerobic digestion performance: industrial resμLts [J].

Water science and technology, 41 (3): 291-297.

Sandall. O. C, King. C. J. 1967. The relationship between transport properties and rates of freeze dring of poμLprymeat [J]. A. I. Ch. E. J, 13: 428.

Schwarz W. 2001. The cellμLosome and cellμLose degradation by anaerobic bacteria [J]. Applied microbiology and biotechnology, 56 (5-6): 634-649.

Simankova MV, Parshina SN, Tourova TP, et al. 2001. *Methanosarcina lacustris* sp. nov. , a new psychrotolerant methanogenic archaeon from anoxic lake sediments [J]. Sys Appl Microbiol, 24: 362-367.

Singh N, Kendall MM, Liu Y, et al. 2005. Isolation and characterization of methylotrophic methanogens from anoxic marine sediments in Skan Bay, Alaska: description of *Methanococcoides alakenese* sp. nov. , and emended description of Methanosarcina baltica [J]. International Journal of Systematic and Evolutionary Microbiology, 55: 2531-2538.

Tayfun. M, Mustafa. B. O. 2010. Determination of freeze - drying behaviors of apples by artificial neural network [J]. 37: 7669-7677.

Terry L M, Wolin M J. 1975. A Serum Bottle Modification of Hungate Technique for CμLtivation Obligate Anaerobes [J]. Appl Microbiol, 27 (5): 985-987.

Thomas T, Kumar N, Cavicchioli R. 2001. Effects of ribosomes and intracellμLar solutes on activities and stabilities of elongation factor 2 proteins from psychrotolerant and thermophilic methanogens [J]. Journal Bacteriology, 183 (6): 1974-1982.

Thomas T, R Cavicchioli. 2002. Cold adaptation of archaeal elongation factor 2 (EF-2) proteins [J]. Current Protein & Peptide Science, 3 (2): 223-230.

Von Klein D, Arab H, Vlker H, et al. 2002. *Methanosarcina baltica*, sp. nov. , a novel methanogen isolated from the Gotland Deep of the Baltic Sea [J]. Extremophiles, 6: 103-110.

Warren R A J. 1996. Microbial hydrolysis of polysaccharides [J]. Annual Reviews in Microbiology, 50 (1): 183-212.

W. E. Balch, G. E. Fox, L. J. Magrum, et. al. 1979. Methanogens: Reevalution of a unique biological group [J]. Microbiological Reviews, 43: 260-296.

Xiaolin Tang, M. J. Pikal. 2004. Design of Freeze-Drying Processes for Pharmaceuticals: Practical Advice [J]. Pharmaceutical Research, 21: 191-200.

Yoshiyuki Meno, Hisatomo Fukui, Masafumi Goto. 2007. Operation of a Two-Stage Fermentation Process Producing Hydrogen and Methane from Organic Waste [J]. Environ. Sci. Technol. Vol. 41: 1413-1419.

Zhao Y, Zhang H, Boone D R, et al. 1986. Isolation and characterization of a fast-growing, thermophilic Methanobacterium species [J]. Applied and environmental microbiology, 52 (5): 1227-1229.

Zuo J, W Xing. 2007. Psychrophilic methanogens and their application in anaerobic wastewater treatment [J]. Chinese Journal of Applied Ecology, 18 (9): 2127-2132.